好书精读 Master 15'

商业新闻出版公司和轻松读文化事业有限公司提供内容支持

敲开机会的门

商业博弈中的兵法

轻松读大师项目部 编

中国盲文出版社

图书在版编目（CIP）数据

敲开机会的门：商业博弈中的兵法：大字版 / 轻松读大师项目部编. —北京：中国盲文出版社，2017.3

ISBN 978-7-5002-7796-5

Ⅰ. ①敲… Ⅱ. ①轻… Ⅲ. ①成功心理—通俗读物 Ⅳ. ① B848.4-49

中国版本图书馆 CIP 数据核字（2017）第 062475 号

本书由轻松读文化事业有限公司授权出版

敲开机会的门：商业博弈中的兵法

编　　者：轻松读大师项目部
出版发行：中国盲文出版社
社　　址：北京市西城区太平街甲 6 号
邮政编码：100050
印　　刷：北京汇林印务有限公司
经　　销：新华书店
开　　本：787 × 1092　1/16
字　　数：75 千字
印　　张：12
版　　次：2017 年 3 月第 1 版　2017 年 3 月第 1 次印刷
书　　号：ISBN 978-7-5002-7796-5/B · 329
定　　价：40.00 元
销售热线：（010）83190289　83190292　83190297

出版前言

数字文明为我们求知问道、拓展格局带来空前便利，同时也使我们深受信息过剩、知识爆炸的困扰。面对海量信息，闭目塞听、望洋兴叹固非良策，不分主次、照单全收更无可能。时代快速变化，竞争不断升级，要想克服本领恐慌，防止无知而盲、少知而迷，需尽可能将主流社会的最新智力成果内化于心、外化于行，如此才能更好地顺应时代，提高成功概率。为使读者精准快速地把握分散在万千书卷中的新理念、新策略、新创意、新方法，我们组织编写了这套《好书精读丛书》。

这套书旨在帮助读者提高阅读质量和效率。我们依托海内外相关知识服务机构十多年的持续积累，博观约取，从经济管理、创业创新、投资理财、营销创意、人际沟通、名企分析等方面选取数百种与时俱进又经世致用的好书分类整合，凝练出版。它们或传播现代经管新知，或讲授实用营销技巧，或聚焦创新创业，或分析成功者要素组合，真知云集，灼见荟萃。期待这些凝聚着当代经济社会管理创新创意亮点的好书，能为提升您的学识见解和能力建设提供优质有效便捷的阅读资源。

聚焦对最新知识的深度加工和闪光点提炼是这套书的突出特点。每本书集中解读4种主题相关的代表性好书，以“要点整理”“5分钟摘要”“主题看板”“关键词解读”“轻松读大师”等栏目精炼呈现各书核心观点，崇真尚实，化繁为简，您可利用各种碎片化时间在赏心悦目中取其精髓。常读常新，明辨笃行，您一定会悟得更深更透，做得更好更快。

好书不厌百回读，熟读深思子自知。作为精准知识服务的一次尝试，我们期待能帮您开启高效率的阅读。让我们一起成长和超越！

目 录

妙趣横生博弈论 …………………………………… 1

博弈论作为一门科学还很年轻，却为人们的决策过程带来许多启发，看似遥不可及，实则用途广泛。两位经济学教授为你讲解何谓博弈论，博弈论的基本原则有哪些，以及如何运用博弈论进行策略性思考。值得注意的是，实际运用博弈论更像是一门艺术，离不开对以往案例的归纳学习，更离不开实践经验的积累，其“运用之妙，存乎一心”。

巧对风险谋胜算 …………………………… 47

置身商场意味着接受未知和风险的考验，听天由命、顺其自然的态度不可取，提高“预测智慧”、创造良好运势方为上策。预测智慧与遗传无关，而是取决于对形势的判断和对自身的把握。借助“决定方向—布局—规划—行动”的指导方案，运用 12 项实用技巧，就可以进一步认清局势、掌握进退、规避风险，在商业博弈中获得更大胜算。

六双行动鞋 ……………………………… 95

面对生活和工作中纷繁复杂的状况，你是否为应该采取何种行动而举棋不定？继“六顶思考帽”之后，“水平思考”大师爱德华·德·波诺推出一套实用的决策机制——“六双行动鞋”理论。借助六种颜色、六种鞋型，他归纳出六种典型的行动模式，分别分析了它们的适用场合及利弊效用，并展示了如何通过六者的“混搭”采取灵活高效的措施。

魔宙 …………………………………… 129

“魔宙”是积极向上的心态，是由内而生并形诸于外的正能量。作者揭示了魔宙的神秘构造，借此我们可以洞察拥有魔宙和欠缺魔宙的人所表现出的不同状态，对自身魔宙的强弱进行量化分析，并运用14项工具巩固魔宙的四块基石——身份、成就、名声和接受能力。通过学习营建、维持和重塑魔宙，我们距离充实的人生和成功的事业会更近一步。

妙趣横生博弈论

The Art of Strategy

A Game Theorist's Guide to Success
in Business and Life

原著作者简介

阿维纳什·迪克西特（Avinash Dixit），毕业于印度孟买大学、英国剑桥大学及美国麻省理工学院，现为美国普林斯顿大学经济学教授，也是美国国家科学院、美国人文与科学院以及英国科学院的院士，著有8册著作，包括《策略思维》（与巴里·奈尔伯夫合著）、《策略游戏》、《国际贸易理论》、《不确定条件下的投资》以及《无纪律与经济学》等。

巴里·奈尔伯夫（Barry Nalebuff），毕业于美国麻省理工学院和英国牛津大学，现为美国耶鲁大学管理学院的经济学及管理学教授，并担任全美互惠保险公司董事，是饮料公司 Honest Tea 的共同创办人及现任董事长，该公司曾被 Inc. 杂志评选为美国成长最快速的企业之一。除了《策略思维》一书之外，还与他人合著了《竞合策略》及《创意之乐》等书。

本文编译：黄玩

主要内容

要点整理
博弈论 / 5
赢家的诅咒 / 7
5分钟摘要
借助博弈论进行策略性思考 / 9
轻松读大师
一　何谓博弈论 / 11
二　博弈论的基本规则 / 16
三　应用博弈论进行策略性思考 / 29

要点整理

博弈论

博弈论又称对策论，探讨两个经济个体之间有利害冲突时，各自会运用的谋略方法，也就是针对作决策时面临的问题与战略所采取的一套分析方法。

博弈论也可以称为“互动决策理论”。在博弈中，决策者的选择会彼此影响，当对方的决定会影响自己的最佳决策时，就不能不把对手的行为纳入考虑范围。这种思考训练可让决策者更好地看见事物的全貌，思考策略便是对博弈论的应用。

博弈论旨在寻求利害冲突下最合适的应对策略，策略性思考的重点在于找出组织内最有利的因素进而将效益最大化。假设公司内部有两位员工彼此不愿意分享知识，各自或可维持原始的竞争力。若其中一位愿意分享知识经验，则藏私的一方会因吸收他人的知识经验提高竞争力，愿意分享的一方竞争力则略降。然而若双方都愿意真诚地分享知识与经验，双方的相对竞争力就都能提高，这才是最佳策略。

丰田汽车在制作门把手时，需要 35 个零件，费时 37 秒。如果丰田汽车只是想办法通过简化零件来减少制作门把手的时间，那么它只是单纯寻求解决问题的方法。但是如果寻求专业的把手制造商共同研发产品，就会呈现策略性思考中双赢的结果。丰田因为找到合适的厂商合作，将原本所需的 35 个零件简化为 3 个零件，组装时间从 37 秒缩短为 3 秒，产生了巨大的效益。

赢家的诅咒

“赢家的诅咒”这个说法源于20世纪50年代美国拍卖海底油田的案例。当时投标厂商对油田的潜在价值没办法准确评估，因此开价从500万到2000万美元不等，然而事后发现油田的市场价值却只有约1000万美元。

博弈论指出，在各种拍卖中，出价最高只能到物品总价值扣掉预设获利的金额，不能再追高。如果忘乎所以，提出高于该项物品真正价值的价格并中标，就会遭受“赢家的诅咒”，也就是说用超过物品实际价值的金额买下该物品。在土地开发、油田矿场、股票首次公开发行及关键字广告等拍卖作业中，买家们常因信息不完整而高估了竞标物的真正价值。

网络关键字广告是搜索引擎最主要的获利

来源之一。投标厂商的广告会出现在搜索页面侧边，出价愈高，广告的位置就愈显眼，被浏览与点击的机会就愈大。在竞标的过程中，虽然买家的出价有可能会高于或低于市场价值，但得标的买家永远是报价最高的厂商，也最有可能高估市场价值，并因此赢得竞标却输了获利。竞标的买家愈多，买家高估标价的机会就愈大，赢家诅咒发生的可能性也愈大。

5分钟摘要

借助博弈论进行策略性思考

要熟练运用策略性思考并真正精通策略艺术，你应该熟悉学术圈中所说的“博弈论”及其基本原则和理念。

◎博弈论是你在商场及人生中找出优异策略的基础。

◎博弈论是识人的艺术，可以让你根据对方的行为，而不只是他所说的话来了解对方。

◎博弈论能让你预测对方在你给出提议时会有何反应，并借此占得先机。

◎博弈论可以作为促进合作的架构，即便对方别有用心，该架构依然有效。

总而言之，优异的策略性思考是一门艺术，如果你了解博弈论的基本原则和理念，就能运用策略性思考。

关键思维

策略性思考是一门料敌制胜的艺术，是一门设法促成合作的艺术，是让你和对方都言听计从的艺术，是解读及揭露信息的艺术，更是让你预测并影响他人行为的艺术。

——阿维纳什·迪克西特
巴里·奈尔伯夫

一　何谓博弈论

要了解博弈论的奥妙，首先必须熟悉它的基本定义及观点。当你对其有了整体认识之后，就可以运用该理论来作出必要的策略性决策。

博弈论中所使用的术语如下：

◎“博弈”是指策略相互影响的形势，也就是说自己要作何选择至少在一定程度上取决于他人决定采取的选择。

◎“行动”是指决策者采取的选择。

◎“参与者”是指所有的决策者。

◎“零和博弈”是指一方只有在对方蒙受损失时才能获益的情况。纯粹的零和博弈在商场上相当罕见，比较常出现的状况是共蒙其利（指所有参与者都能得到利益）和共受其害（指任何策略都会对参与的各方造成伤害）。

◎“对手”是指你所参与的博弈中的其他参与者。

◎博弈中的行动包括“次序行动”和“同时行动”两种。在次序行动的博弈中，你会采取线性思考方式，即：假设我这么做的话，可以预期对手会有那样的反应，然后我就不得不想办法应对，等等，依此类推。实际上，大多数博弈往往需要综合运用次序行动及同时行动。

◎在分析同时行动时，如果能通过列表明示各种选项可能产生的结果，通常就可以获得最理想的结果。

	A 组	B 组
策略 1	结果 1	结果 2
策略 2	结果 3	结果 4

◎在分析次序行动时，绘制“博弈树”通常

会很有帮助。博弈树有点像路线图，用来说明每个决策点所拥有的可行选择方案。由于选择方案的数目会随着博弈的演进而变得愈来愈多，因此这个图看起来就像一棵横放着的树。

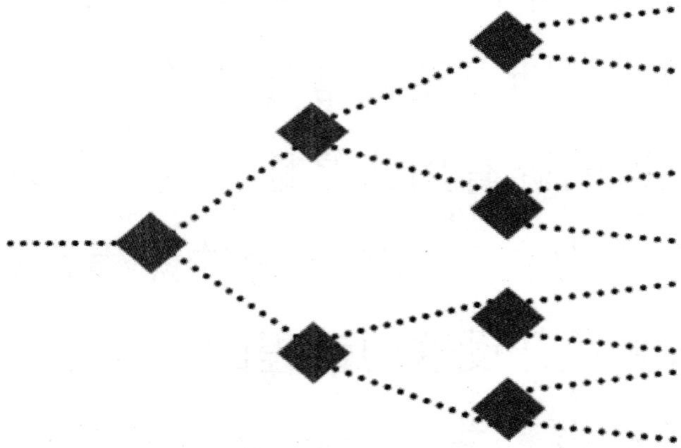

博弈论的一个奥妙之处在于，你不需要花数年时间攻读研究生学位，就有可能了解各个诺贝尔奖得主的贡献。其中有些观念看起来确实浅显易懂，我们也明白其中的道理，但我们的明白都是后见之明，而这正是博弈论具有真知灼见的标志。

虽然博弈论是一门相当年轻的科学，却已经给务实的策略家带来很多有用的见解。如同所有科学一样，它也包含许多专业术语和数学运算，这些都是不可或缺的研究工具，却使得专家之外的一般人无法了解其基本理念。我们认为，博弈论实在是太有趣也太重要，不应该只局限在学术期刊之中。在商业、政治、运动以及日常社交等领域，博弈论的见解都已经证明确有用武之地。我们很高兴看到自己的观点正成为主流，博弈论的课程在普林斯顿、耶鲁以及大多数开设这门课程的学校中，都是学生选修最踊跃的课程之一。MBA 的策略课程普遍会讲授博弈论，而用搜索引擎搜索“博弈论”，则会出现千百万条搜索结果。你也会在报纸的报道、专栏以及公共政策辩论之中发现博弈论。

博弈论由约翰·冯·诺依曼首开先河，早期着重于单纯冲突的博弈（即零和博弈），其他类型的博弈则被归类为合作，因为各方参与者能够共同作出选择并采取行动。对现实中发生的大多数博弈而言，大家会各自选择采取不同的行动，然而这些行动对他人的影响并不完全是引起冲突。我们之所以能够研究结合冲突与合作的一般博弈，则要归功于约翰·纳什的突破性创见。和纳什在1994年同获诺贝尔奖的约翰·哈桑伊，证明了“纳什均衡”也适用于参与者对其他参与者的喜好并不确定的博弈。应用纳什均衡的另外一项挑战则是出现多重解的可能性。2005年诺贝尔奖得主罗伯特·奥曼的研究证明这项挑战在重复博弈中变得更加艰巨，只要博弈重复的次数够多，几乎一切状况都可以达到纳什均衡。幸运的是，有一些工具可以帮助我们选择最适合的平衡解。莱茵哈德·泽尔腾则提出参与者在行动时会有些许犯错的可能性，借此修正纳什均衡的概念，排除掉某些产生多重解的机会。过去30年来，信息操作的观念和理论已经促使经济学及博弈论产生革命性变革，也对其他社会科学及进化生物学造成重大影响。

二 博弈论的基本规则

博弈论的五项基本规则可以作为优异策略性思考的框架，也可以让人作出恰当的策略性决策并加以贯彻执行。

1. 顺向推演，逆向推论

在所有次序行动背后，都存在一种线性思考，即“假设我这么做的话，可以预期对手会有那样的反应”。要找出最佳的可行策略，就要推演未来状况，看看自己的决定最有可能造成什么结果，然后再根据结果往回推，判断当前作何决定最为理想。

要厘清自己的想法，绘制博弈树的方式会有所帮助：

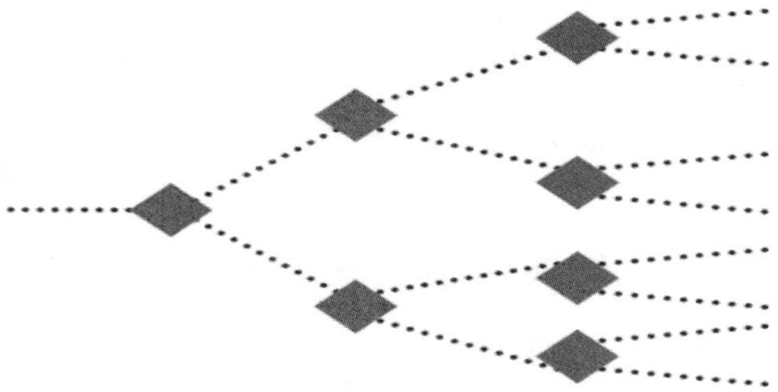

在每个决策点上列出各种可能的方案，这样就可以大致了解随着后续发展可能会出现哪些状况，接着再推演目前的决定最终会造成什么结果。如果推演出来的结果并不令人满意，那么你就可以退回到原来的起点并作不同决定，以改变发展轨迹。

博弈树的一项缺点是，在实际状况中它会变得非常复杂。优异的策略性决策往往是结合多项逆向推论作出的，而这些推论需要综合运用个人的判断和经验。博弈树的另外一项缺点是，它在参与者进行协商的初期难以运用，因为此时博弈规则还在建立当中。基本规则的建立会大大改变博弈树的性质和形状。

2. 善用优势策略

“优势策略”是指成效超越其他所有方案的策略，它比你的任何其他选择都要好。如果一项策略不仅优于其他所有可用的策略，而且不论其他参与者采用哪一种策略或策略组合都难以与之匹敌，那么这就是一项优势策略。如果你有优势策略可用，就放手善加运用；如果对手有优势策略，你就应该据此选择最佳的应对方案。

在大多数情况下，你必须作出策略性决定，才能取得有意义的市场反应；也必须投入具体的行动方案，才有机会观察到竞争对手想要采取的行动。

要注意的是，优势策略只有在所有参与者同时行动的动态市场中才会出现。在采取次序行动的市场中，你可以随着后续发展来调整自己的应对方案，即后续的做法可以依照竞争对手的先期行动来调整。在这种状况下，不论是你还是竞争对手都不太可能拥有优势策略。

接下来以两家邮购公司——Lands’ End公司和宾恩公司为例进行说明。两家公司在服饰销售上存在直接竞争关系，每年秋天两者都会印制并寄发冬季服饰的型录，其中所标示的商品价格整个冬季都不调整。印刷及配送型录需要花费时间，所以两家公司在制作型录之前都不知道对手所推出的商品内容。两份邮购目录往往针对相同的客户群，也就是会寻求低价商品的聪明消费者。

假设两家公司有一项完全相同的商品，例如成本20美元、售价80美元的高级衬衫。在零售价相同、两家公司都可以卖出1200件的条件下，双方分别能获利7.2万美元。

如果其中一家公司把这项商品的零售价降到70美元，而另一家仍然维持80美元，那么降价的公司会多争取到1000位顾客，而另一家则会流失800位顾客。结果降价的公司会获利11万美元，而另一家则只获利2.4万美元。

由于任何一家公司都可以降价，且都必须在

得知对手的定价之前决定自己的价格，因此这种形势下的优势策略就是双方都以 70 美元的价格销售这件衬衫。在这个价格点，任何一家公司在对手维持 80 美元的价格时，自己就有机会获利 11 万美元；如果对方也同样选择了定价 70 美元，两边都会获利 7.2 万美元。

3. 排除劣势策略

如果任何一方都没有优势策略，就要设法找出己方是否拥有“劣势策略”，也就是指这项策略对该参与者是绝对不利的。如果存在某项劣势策略，就要将其排除在考虑之外。持续排除所有劣势策略，直到你找出某项独特的解决方案或出现优势策略为止。即使这样做无法取得独特的成果，至少也可以将博弈简化，并让它因此变得更容易掌握。

在大多数商业博弈中，并不存在明显、确定的优势策略。因此要想向前迈进，最好的方式就是逐步排除已经存在的所有劣势策略，直到形势达到所谓的“焦点”或“平衡”状态，或是直到博弈简化使某项优势策略变得可行。

当各种劣势策略被一一排除后，形势就会随之变得明朗，最显而易见的共识就是将所有潜在利益对半分配。要想让任何一方接受低于这个比例的结果，都必须有相当强硬的理由。除此之外，双方对半分配的方式比较简单明了，看起来较为公平，也能够兼顾双方的需求。

以工会和雇主进行的薪资谈判为例。这种谈判通常是零和博弈——只有在某一方同意分得较少利益时，另一方才有可能分得较大利益，然而这种情况不太可能发生。通常双方都有达成协议的压力。如果协商失败，双方在这场谈判中都会一无所获，而且几乎没有任何一方会希望出现罢工或封锁厂房的情形，这样只会给谈判双方造成财务损失。

4. 时时寻求平衡解

如果既没有优势策略也没有劣势策略，而且

博弈已经尽可能简化，就需要寻找平衡解，确保每位参与者的行为都是最佳的应对方式。如果存在平衡解，那么所有参与者最后都会加以采用。在有多个平衡解可选的情况下，应以普遍适用的规则或惯例作为指导原则，判断最后会采用哪一个平衡解。

在达到平衡解时，各方都已得出务实的结论，即大家最好维持现状，不再进行其他尝试。只有在各方都不想改变这种状态时，才能取得和维持平衡。

消费者已经习惯了在许多产业中普遍出现的平衡状况：

◎赫兹和安飞士两家租车公司都打广告，说租车一天只要 19.95 美元，但它们都没有提到，如果你还车时没有把油箱加满，它们就会收取大约是加油站 2 倍的加油费。

◎各家饭店在刊登住房广告时，一定都不会提到拨打长途电话每分钟要收取 2 美元。

◎如果想在惠普和利盟两个品牌的激光打印机中作选择，你很难分辨到底哪个品牌的单页打印成本比较低，因为这两家制造商都拒绝具体说明它们的墨盒能够打印多少页。然而从激光打印机几乎是免费赠送的角度来看，购买者应该有所警觉。

◎通信公司推出了每个月可以打固定时数的移动电话费率方案。每个月没打完的时数会白白浪费，而当你超过固定时数就需支付超高额费用的事，它们则绝口不提。

如果上述任何一家企业想要特立独行，将所有相关费用都刊登在广告中，那它马上就会在竞争中处于劣势。诚实的企业看起来收费更高，即便这并不是真正公平的比较。消费者通常并不了解自己和其他企业来往的真正成本，所以会感觉诚实企业的收费比较贵。

这样一来，消费者会陷于不利平衡状况，因为企业只会刊登一部分收费项目，至于没刊登出来的部分，则会收取不合理的高价。然而这种状况对刊登广告的企业来说也未必是好事。很多面临激烈市场竞争的企业会花掉相当多的预期获利，设法将顾客从竞争对手那边吸引过来。最后的结果就是，这些企业会吸引来许多不忠诚的顾客，并且会花费大量转换成本。

有个方法可以避免这种状况。那就是由政府规定所有企业的定价都必须涵盖一般顾客真正要支付的所有费用。如果真能做到这点，平衡解就会改变，而接着就会出现不同的竞争态势。

5. 在零和博弈中，要混用多套策略

在零和博弈中，如果对手事先得知你要选择的策略，你就会处于相当不利的状况；如果以随机方式选择所要采取的策略，你就能得到最大利益；如果你能随着时间的推移变换所选择的策略，对手就更难利用你的选择。

要谨记，纯粹的零和博弈在商场上是例外，而不是常态。混用多套策略的应用范围比较有限，也不容易成功，而大多数企业经理人对竞争厮杀的结果也难以采取听天由命的态度。虽然如此，持续变换策略的根本原则仍然是成立的。

以企业提供打折券为例。企业一般会用打折券来扩大市场占有率，但只有将打折券赠送给新顾客，才不至于稀释公司的既有获利能力。现在来讨论两家积极争取同样客户群的企业——可口可乐和百事可乐。

可口可乐和百事可乐都希望自己是特定时间内唯一提供打折券的企业。如果双方同时提供打折券，效果就会互相抵消，而且获利能力都会减损。

如果其中一家公司落入固定模式，每年在固定的时间提供打折券，那么另一家公司便会预测到这点，并抢在对方之前发行打折券。这种固定模式并没有帮助，因此需要采用随机选择策略。

长期观察下来人们会发现，这两家企业的行动虽然是彼此独立的，最后却变成了互相合作。

双方其实达成了一种默契，轮流在短期内推出最低价格，而在这段特定促销期结束后，马上又回到正常的定价模式。

在其他产业也可以观察到类似现象，例如航空公司有时会提供折扣机票给准备在最后一刻购买机票的旅客。为了不让旅客猜透，航空公司并不会透露这种最后一刻的优惠机票到底有多少，这样旅客就无法确切评估自己的成功几率。旅客无法预测折扣机票，航空公司就不至于流失太多愿意以正常价格购买机票的旅客。

同样的原则也适用于战争。制造诱饵弹的成本远低于制造真正的导弹，然而一方发射一批诱饵弹时，另一方仍然要布置防空系统去阻截所有来犯的导弹，不论那是诱饵弹还是真正的导弹。有种聪明的攻击方式就是混合运用诱饵弹和真正的导弹，借此迫使防御方分散资源，削弱其防御效果。攻击方可以综合运用真假导弹，大大增加对方的防御成本，使其防御难以为继。酝酿已久的“星球大战”防御系统之所以从来无法真正实施，原因之一或许就在于此，这也可能是一种没有实际解决方案的概念。

变换策略有其重要性，然而在改变策略的同时提升自己的可信度也一样重要。有8项基本技巧可以帮助你强化自己的可信度（见下页图）。

关键思维

策略行动的“内容”比较符合博弈论的科学属性，而“方式”则比较像是一门艺术，只能意会，难以言传。你必须根据自己所参与的博弈运用这些概念，亲身实践这门艺术，并借着经验慢慢进步。科学通常能针对方案是否可行给出清楚的解答，而艺术则表现为对成功或完美的追求，通常会有程度上的差别。因此不要期待每次都会成功，也不要因为偶尔的失败而灰心丧气。

——阿维纳什·迪克西特
巴里·奈尔伯夫

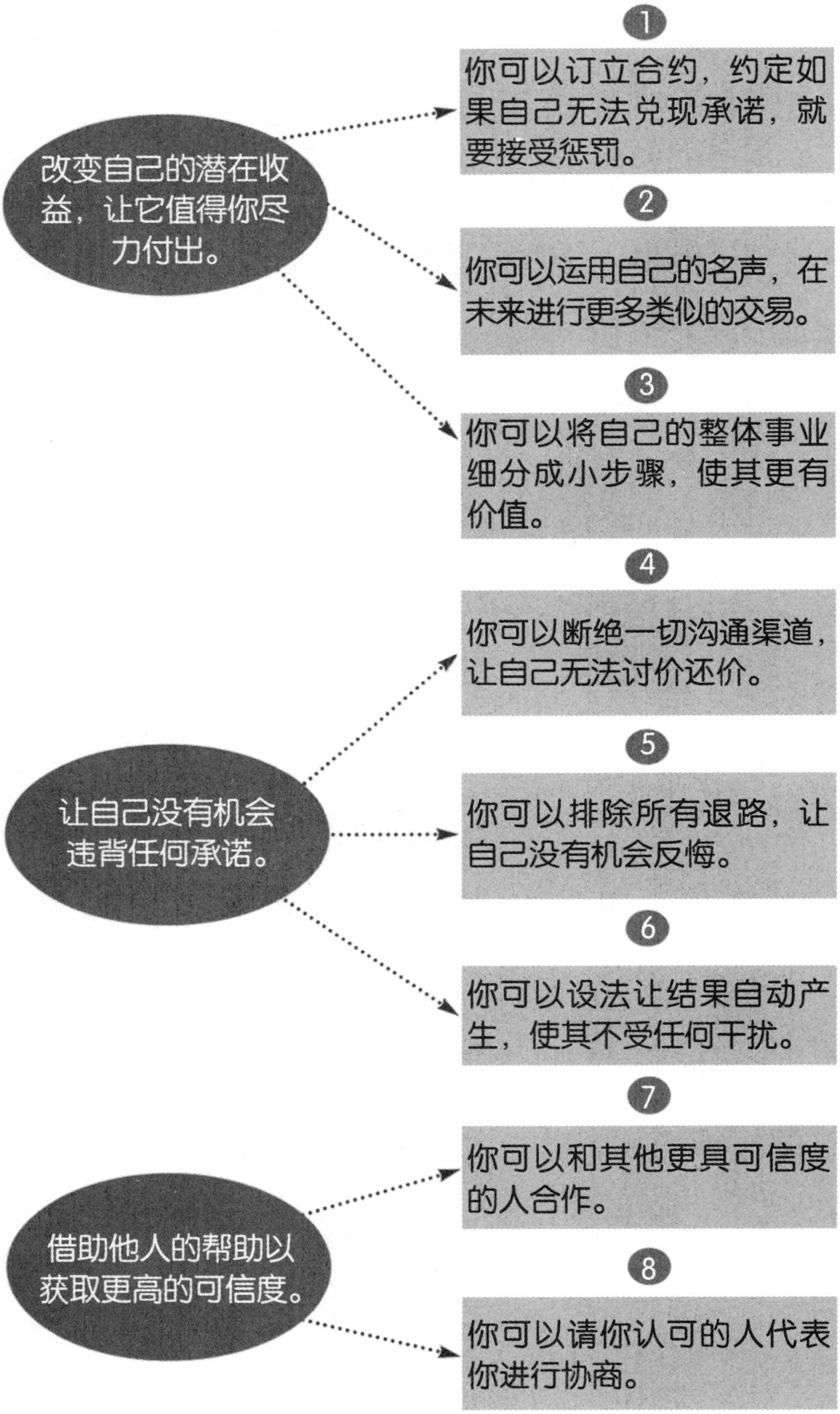
改变自己的潜在收益，让它值得你尽力付出。
1
你可以订立合约，约定如果自己无法兑现承诺，就要接受惩罚。
2
你可以运用自己的名声，在未来进行更多类似的交易。
3
你可以将自己的整体事业细分成小步骤，使其更有价值。
让自己没有机会违背任何承诺。
4
你可以断绝一切沟通渠道，让自己无法讨价还价。
5
你可以排除所有退路，让自己没有机会反悔。
6
你可以设法让结果自动产生，使其不受任何干扰。
借助他人的帮助以获取更高的可信度。
7
你可以和其他更具可信度的人合作。
8
你可以请你认可的人代表你进行协商。

三 应用博弈论进行策略性思考

了解博弈论的基本理念及主要规则之后，就可以在商场上实际应用它，借以获得实质利益。为此你必须通过范例、经验及实践来获取相关能力，还需了解过去人们在类似状况下采取了哪些做法，然后依据自己的特定需求将其加以转化运用。

运用策略性思考要先从你拥有的基本技能出发，然后再考虑如何发挥它们的最大效用。无论我们喜欢与否，每个人都会运用策略。你最好能做一个好的策略家，而我们的目标就是帮助你更善于发掘和运用有效的策略。

博弈论这门科学距离成熟还有很长一段距离，而策略性思考的许多方面仍然像一门艺术。科学和艺术在本质上就不同：科学可以通过系统的方法来学习，而艺术的娴熟技巧则必须通过范例、经验及实践来获得。要增进自己在这门艺术上的技能，唯一的方法就是勤于归纳，即去了解过去在类似状况下人们采取了哪些做法。

1. 操控信息

商场上常常可见某些参与者对实际情况掌握得比较清楚，因而得以享有优势。有各种各样的技巧可以用来操控信息，因此在大多数情况下，听其言不如观其行。观察人或组织的行为通常会比注意他们说了什么更能认清对方。同样，大家也会仔细观察你的行为，从中获取信息。

要善用商业信息，可以运用以下两项策略：

◎学会释放信息——采取行动透露对自己有利的信息。

◎善于过滤信息——设计情境，观察他人行动显露出的真正意图，而不是只听取他们说了什么。

释放信息及过滤信息都有许多用途，例如过

滤信息可以用来增加营业收入。企业很难确切了解每一位顾客到底愿意付多少钱购买产品，克服这项挑战的一个方法是以同一项产品为基础制造出不同版本，并且分别采用不同定价，这样顾客就会自行选择他们所能负担的版本。然后厂商可以为各个版本设定不同的特性，使各个客户群都不会觉得自己被敲竹杠。有很多方法可以做到这一点，例如：

◎出版社使精装书的定价高于平装书，虽然两者的生产成本差别并不大。

◎电脑软件制造商常常会推出功能较少的“简易版”或“学生版”产品，并以比完整版产品低许多的价格销售，事实上前两者常常只是禁用了完整版产品的几项功能。

◎ IBM 推出两种版本的打印机，便宜机型的唯一不同之处就是 IBM 在其中加入了一块芯片以延长其等待状态，从而使这个机型的速度变慢。这样 IBM 就能以两个不同的价格来销售类似的产品。

◎ DVD 播放器制造商常常会在便宜机型里隐藏一些功能，有时只要按某个键就可以恢复这些功能。

◎长期以来，航空公司将甲地飞往乙地的同一班机区分成头等舱和经济舱来销售机票。

2. 合作及协调

在很多产业中，企业间如果能够互相合作并协调行动，赚的钱就会比硬碰硬地公开竞争来得多。看看下面这些例子：

◎在 20 世纪 50 年代，美国的很多常春藤名校都非常努力地打造能赢球的美式足球校队。这些学校发现，自己花多少时间训练，对手也会花同样多的时间训练，结果最后大家的战绩都一样。这些学校应对该局面的方法是，协商出集体协议，约定各校美式足球的春训时间只能有 1 天。因为各校都同意遵守这项协议，所以比赛起来还是势均力敌，而且球赛的精彩程度也没有因此而降低，但是学生却拥有更多时间读书，不必花那么多时间投入训练。

◎ 1968 年以前，美国烟草商为了保有其市场占有率，花费了大量的广告经费。1968 年，美国法律禁止在电视上播放香烟广告，结果各家烟草商因为省下巨额广告费，获利大幅提升。因为所有企业处境相同，所以这项措施对各家企业的市场占有率并没有造成影响。

◎很多人知道，柯蒂键盘的设计旨在减缓打字者的速度，这样老式打字机的按键才不至于常常卡壳。多年来市场上出现过许多更有效率的键盘排列设计，但是柯蒂键盘仍然独霸一方，原因为何？这是一套行之有年的系统，而且任何人在好不容易学会使用柯蒂键盘之后，都不太愿意重新学习使用其他设计风格的键盘，即使新设计本身优于柯蒂键盘。使用者无法轻易克服根深蒂固的习惯，这就是一个例子。

◎当汽车业在 1890 年诞生时，汽车的动力来源有三种，包括蒸气、汽油和电力。当时蒸气和电力比汽油盛行，但是奥兹在1896年将一种汽油发动机申请专利，量产后用于敞篷汽车。汽油终于后来居上，成为汽车的主要动力来源。现在来看，这可能是个错误的转向。现在科学家都努力想要回过头来用蒸气或电力作为汽车的动力来源。

◎当苏联在1949年试爆第一颗原子弹时，美国担心苏联会在发展核电厂的竞赛中获胜，因此匆忙生产原本为美国海军设计的轻水反应堆，至于效能较佳的重水反应堆或气冷反应堆则都没有加以评估。此时，研发速度的重要性凌驾于找出最佳、最安全的科技之上。

整体来看，商场上失败者往往多于胜利者，不恰当的选择经常会对社会产生负面效果。自由市场并非时时都能正常运作，因为顾客转换不易，而且要给所有商品都定出正确的价格也并不容易。在很多情况下，如果市场参与者能够协调行动，就不要冲动地硬碰硬，以获得比较理想的结果。设法找出在何种情况下协调行动能产生实质利益，并努力加以实现。

3. 拍卖及竞标

博弈论在拍卖等情境中，有许多种用途，而最重要的原则就是，在参加拍卖时一定要有策略。如果你被自己一时的情绪或热情冲昏头脑，虽然有可能赢得拍卖，之后却可能会终生后悔。你要么会付出高过该物品实际价值的金额，获得让你赔钱的项目；要么会付出比该物品目前行情价高得多的金额。

所有拍卖品的价值取决于两项因素：

◎共同价值——市场上公认的该项拍卖品的价值。如果未来你不得不将该项物品脱手，共同价值就是预期的转售价格。

◎私人价值——你基于难以言喻的特殊个人理由愿意额外付出的价格。你可能因为不想让某项物品落入对手囊中等情感因素而愿意付出额外代价。

博弈论指出，在各种拍卖情境中，你都应该顺向推演、逆向推论。针对拍卖的情况来说就是指，你应该时时认定自己的出价可能会被接受，因此出价最高只能等于物品的总价值扣掉预设获利，然后就不能再追高。如果你忘乎所以，提出高过该物品真正价值的价格并且中标，你就会遭受“赢家的诅咒”，也就是说你用超过该物品实际价值的金额买下它，因而将蒙受损失。

坚守纪律，只出略低于拍卖品实际价值的价格，你就有机会借此赚得差价而获利。如果你的出价等于该项物品的实际价值，顶多只能收支平衡而已；如果你的出价超过了该项物品的实际价值，就注定会让自己赔钱。一定要抱持可能中标的心态出价，这样才能保护自己的利益。

博弈论还有另一项可以应用于拍卖的实用方法，那就是不要忽略与其他竞标者达成协议的机会。如果你能和其他竞标者结成某种类型的行动联盟，也许双方就能达成靠一己之力无法达成的成果。当然，你必须小心谨慎，不要做出任何可能触犯反垄断法规的行为。但是你可以设法和其他竞标者达成协议并结盟，然后联手投标，这样做通常并不会有触犯法规的问题。事实上，这还常常是一种非常聪明的办法。

另外要谨记，取得先机是市场竞争的重要因素。最先进军某个新的利基市场的人，只要能够成功，就有机会掌握整块利基市场。唯一的问题是，新兴利基市场的规模通常并不足以让人获利，因此企业必须小心决定进入市场的时机。如果你按兵不动太久，其他参与者就可能抢得先发优势，使你永远无法望其项背。反过来说，如果你过早进入市场，则有可能耗尽所有资金，最后沦为反面教材。根据博弈论，当你的成功几率和对手的失败几率相等的时候，就是进入市场的正确时机。如果你可以在对手即将采取第一步行动前先发制人，就表示你已经尽可能按兵不动，而且至少能让自己和对手一样成功。接下来你只需要专注于执行，交出至少和对手同样优秀的成绩单即可。

4. 谈判

从结果倒推出目前可以接受的条件，这一方法用在谈判上非常有效，例如当工会为公司员工协商雇佣合同时就可运用该方法。

不论进行何种谈判，谈判各方的首要任务便是建立共识，确定大家要分配的这块大饼到底有多大。如果大家对这块大饼的评价方式各有不同，那就几乎不可能进行任何协商。展开协商的第一步，就是先要就所要分配的整块大饼的规模取得共识。简单来说，大饼的规模就是双方达成协议时所能创造的价值与协商破裂时产生的价值之差。

确切了解双方所讨论的整体价值之后，接下来就可以商议如何分配这块大饼。最容易想到的起点就是对半分配，然后再根据各种条件，在该比例的基础上上下调整，影响条件包括：

◎工会和管理阶层谁能在谈判中拥有最终决定权。

◎双方在等待达成协议的过程中，分别会产生多少成本；等待成本低的一方，就享有协商的优势。

◎罢工或封锁厂房可能导致哪些混乱。

◎在协商过程中工会会员能否通过其他方式赚钱。

◎万一发生协商破裂的情况，管理阶层能否借助非工会的劳工维持经营。

◎双方是否有采取边缘政策的意愿。

◎是否有许多其他次要议题纳入协商范围。

为何会发生罢工？不妨把罢工当作释放信息的范例之一。虽然谁都可以宣称自己罢工或对抗罢工的成本很低，但是真正付诸行动后的情形才是最好的证明。一直以来，坐而言不如起而行，而且释放信息必然涉及成本或效率的减损。资方和劳方都希望能避免用停工的方式证明己方的成本较低，这正是边缘政策最派得上用场的情况。对两者之中较强的一方，也就是说比较不怕谈判破裂的那一方来说，边缘政策是一项有力武器。

重点是，博弈论认为在这类协商中，能坚持到最后一刻的一方一定可以分得比较大块的利益。如果有一方承受了必须尽快达成协议的外界压力，那么这一方几乎一定会被迫妥协，接受低于应得比例的结果。博弈论认为，协商时不要只专注于谈判桌上提出的条件，还应该努力构建有利的情势，让自己的等待成本低于对手。先做到这一点，就会更有机会在协商中胜出。

5. 投票

投票是一种高度策略性的活动，也正是博弈论可以发挥作用的地方。如果每项议题都只是单纯的二选一，那么简单多数的原则非常有效，也就是得到较多人青睐的方案胜出，根本用不上策略。然而只要有三个以上的选项在争取你这一票，就会出现问题。在遇到这种状况时：

◎大家会开始抉择，是要投票给自己真正比较喜欢的对象，还是策略性地投票给比较有可能胜出的第二个或第三个对象。

◎大家也会想要得知其他人的投票意向，了解自己中意的对象获胜的机会有多大。

◎在大多数情况下，你投下的一票看起来影响并不大，然而在某些情况下，你这一票很可能会打破僵局，成为影响选举结果的关键因素。

事实上，所有投票制度本身都各有其优缺点。你应该运用博弈论去了解各种制度的优缺点，然后找出明智的方法来争取自身利益。任何投票结果都跟所使用的投票流程息息相关，因此只要你参与投票，就一定要熟悉投票流程的各个细节。就投票来说，投票的结构会大大影响投票结果。

博弈论也能够用来解释为何美国宪法能够经久不衰。美国宪法规定，修宪必须得到国会参众两院三分之二议员同意，并且要得到四分之三的州批准。如果只需要50%的简单多数就可以修宪，宪法就可能因为执政党的一时好恶时不时遭到修改，这会造成宪法不稳定。同样的道理，如果需要超过参众两院三分之二议员的同意才能修改宪法，那么宪法就可能一直维持现状。美国的开国元勋设定这一门槛，达到了巧妙的平衡，既能维持稳定，又能在真正必要时对宪法加以修订。

另外要注意的是，表决顺序也是投票流程中的重要因素。在1974年之前，美国国会对议案中的专案进行逐项审议。聪明的政治家想办法让自己属意的专案尽早审议，因为他们非常了解，之后在受各方瞩目的重要专案登场时，它们会变得非常重要，让人无法否决。这样一来，政治家属意的专案就能搭上重要专案的顺风车而列入预算。

而1974年的《预算法案》改变了这一切，该法案明确规定国会必须先针对新议案的总预算进行表决，然后再设法将预算分配到各项专案。这是一种比较健全的方法，因为这表示过去的不正常现象不会再发生。表决顺序对结果竟会产生如此巨大的影响，乍看之下十分令人惊讶，然而这也正好证明了投票制度本身会对最后的结果造成极大的影响。只要是关系到投票，任何细节都不能马虎。

6. 协商奖励措施

博弈论能提供哪些建议，帮助你制定明智的奖励制度？虽然详细的状况会因人而异，但是有一些通则值得你好好记住：

（1）最有效的薪酬制度一定会包含底薪，并结合各人所负责的项目的成效来发放奖金。博弈论证明这是激励员工最有效的基本原则。

（2）发放奖金必须根据某些具体的成果评价指标。你不能只根据付出努力的多少来发奖金，因为努力无法确切评价，而且很容易作假。另外也必须排除不是因为真正有突出表现，而是靠运气就能获得奖金的情况。

（3）完善的奖励制度会结合线性与非线性奖励。当员工达到个人的业绩目标时，当然要给予奖励；当他们达到业绩目标的1.5倍甚至2倍时，也应该再另外给予奖励。这样会鼓励员工将所有成果都算入当年的业绩，而不是拖延订单，好在下一年度有个好的开始。

（4）你的奖励制度一定要考虑到员工在职业生涯中重视的方方面面，包括：

◎员工的升迁机会。

◎员工工作内容的重复性。

◎针对杰出表现企业能够支付多少额外奖励。

◎员工是否需要身兼数职。

◎同事之间竞争的激烈程度。

◎员工是否觉得拥有自主权。

◎员工是否需要对多位上司负责。

重点是设计出健全的奖励制度，而不是坐下来考虑要提供哪些奖励。博弈论主张，你必须考虑许多其他因素，一定不要随意采取看起来理所当然的解决方案，否则你最后可能得到混乱的结果。一定要在事前就彻底考虑清楚。

关键思维

工作和日常社交生活由一连串的决定组成。要从事哪个行业、如何管理事业、和谁结婚、怎样培养子女，还有到底要不要竞选总统等，类似的涉及重大决定的例子不胜枚举。这些情况的共同点在于，你并不是在完全独立的环境下行动，你的周围都是积极的决策者，而他们的选择会和你的选择相互影响，这种相互影响的情况会大大左右你的思考和行动。博弈论的目标是帮助你进行策略性思考，然后将相关的想法转化为行动。

——阿维纳什·迪克西特

巴里·奈尔伯夫

巧对风险谋胜算

Make Your Own Luck

12 Practical Steps to Taking Smarter Risks in Business

原著作者简介

艾琳·夏皮罗（Eileen Shapiro），Hillcrest Group的创始人。曾服务于麦肯锡公司，并拥有5项专利。毕业于美国布朗大学和哈佛大学商学院，目前担任多家公司的董事。

霍华德·史蒂文森（Howard Stevenson），哈佛大学商学院企业管理学教授，也是哈佛大学资深副教务长，毕业于美国斯坦福大学和哈佛大学。他还拥有企业经营经验，曾担任Preco Corporation的财务副总裁和董事，也担任过小型投资银行Simmons Associate的副总裁。此外，他是《刀俎或鱼肉》、《天使赢家》及《调配恰到好处的成功》等多本书的合著作者。

本文编译：陈芬兰

主要内容

要点整理　预测 / 51

5分钟摘要　培养预测智慧 / 53

轻松读大师
一　制订远大目标 / 56
二　确定赛局值得一搏 / 59
三　寻求实现飞跃的机会 / 62
四　知何所欲，知何以求 / 64
五　想想看要有多侥幸才能胜出 / 67
六　随时备有可行的替代方案 / 70
七　预测新趋势的后续发展 / 73
八　充分利用不确定性低的赛局 / 78
九　找出减少或重新分配风险的方法 / 81
十　看清楚自己的目标 / 84
十一　了解后续的所有赛局 / 87
十二　知道该何时转战下一赛局 / 90

要点整理

预测

小到人生变化，大到朝代更替，人类一直以来都有预测未来的渴望。中国自古流传的周易、紫微、面相、手相和生辰八字，以及西方惯用的星座、塔罗牌等，都是基于对未知事物的好奇与恐惧心理发展出来的预测方法。历史上有许多预言家曾经准确地预测了若干重大历史事件。在中国有明朝刘伯温著名的《烧饼歌》，在西方则有16世纪法国预言家诺查丹玛斯的预言诗《诸世纪》。后者准确地预言了过去几百年里世界各地发生的许多重大事件和相关人物，如拿破仑、法国大革命、世界大战以及震惊世界的“9·11”恐怖袭击事件等。

即便是在科技发达的现代，预测仍然占有极为重要的地位。各国政府、大型企业等都会以权威机构的预测作为制定政策的依据。现代的科学预测大多依靠对历史资料的积累与分析，借助回归分析及推估等统计方法以及各种数学模型。从1年以下的短期预测，到5年、10年、20年的中长期预测；从社会动态和科技动态等概念性预测，到技术性的预测如经济增长、人口增长、交通流量、天气预报等。事实上，不论是哪种预测方法都是有其局限性的，因为绝大部分的预测建立在假设的基础上，只要其中有任何一个或多个假设不成立，预测结果就可能大大不同，而且许多假设实际上是预测专家对未来不确定性因素的经验判断，带有很强的主观性。

5分钟摘要

培养预测智慧

要敲开机会的门，创造好运势，进而左右自己的命运，就应该设法提高自己的“预测智慧”，即在面临不确定的情况时，仍然能够开创自己想要的未来。执行以下四个步骤可以帮你提高预测智慧。

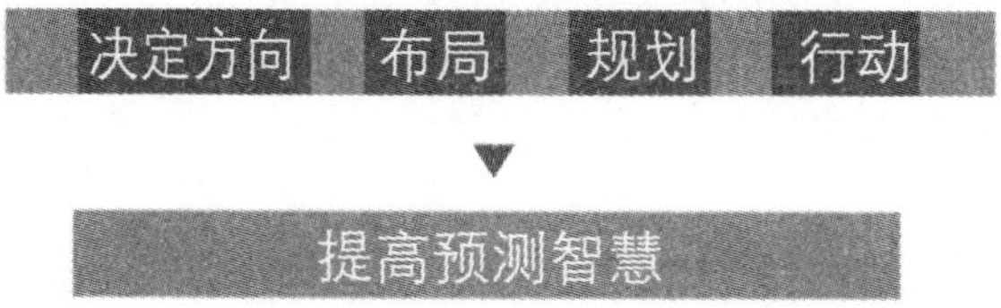

预测智慧跟遗传无关，是可以培养的。12 项技巧可以帮助你完成“决定方向—布局—规划—行动”的过程，提高你的预测智慧。这 12 项技巧跟其他商业技巧一样，能够培养和加强。

我们所有人的工作都建立在一个前提上，那就是任何有目的的行动都有风险。我们因为对未来的结果有所期待或怀抱希望而采取行动，不过并不是十拿九稳。每次行动，我们都要投入时间、声誉、心力或金钱，但无论事前成功几率看起来有多高，都无法保证结果会一如所愿。只要在风险下把资产押上了，就是在下赌注。不管我们愿不愿意，每个人的一生都不得不承担风险。我们所能做的就是运用预测智慧来提高赌注在未来开花结果的几率。这样就能不必仰赖运气，而是靠自己创造运势，掌握自己的命运。预测智慧愈高，就愈能灵活迅速地创造自己的运势，因为借助预测智慧我们可以找出最好的方案，并等待时机采取行动。预测智慧高的人善于利用环境，创造出胜算最大的方案，让结果更接近自己追求的目标。你可以把预测智慧想成一种通过经验积累的智慧，可以套用在一连串目标上。

关键思维

预测智慧愈高，你就愈能够灵活快速地创造好运势，因为只要一有机会，你就能找到最好的方案并且采取行动。

——艾琳·夏皮罗　霍华德·史蒂文森

轻松读大师

一　制订远大目标

在赛局开始时，愈了解自己想要创造什么样的未来，就愈能明智地选择和取舍。要充分了解自己所追求的大方向，然后作出符合愿景的抉择。

任何情况下，你拥有的资源——时间、金钱、声誉、心力等等都是有限的。如果在达成次要目标时就把某些资源用完了，就有可能错失完成最有价值的目标的机会。你必须将所有资源押在自己最希望开创、实现的未来上。

要做到这点，在实际操作上你应该做到以下

几点：

（1）列出你能想到的所有可能的目标，无需对其进行分类或排序，只要很快列出即可。

（2）挑选前导目标，也就是从整张清单中选出一两项非达成不可的目标。如果无法决定，就找出排名前三或前四的优先目标。

（3）从前导目标往前推，计划如何由现阶段的状态到达未来要追求的成果。虽然一路上有些计划肯定会有所改变，但是一定要排除其他多余的选择，专注在一条可行的道路上。这样可以让你思路更清晰，避免淹没在无数的选择中。

（4）找出“情感回路”，也就是你可能会有的情绪或心理需求。如果不注意，这些情绪或心理需求有可能耗尽你的所有资源。每个人都有情感包袱，它扰乱我们的思绪，使我们偏离最有生产力的方向。要好好了解什么样的冲动会让你的努力徒劳无功。有了这样的认知，就可以计划未来如何消弭这些破坏性冲动。

假设你受困于一座荒岛，如果你可以选择一个人陪伴你，你会选谁？多年下来，关于这个荒岛问题，我们听过各式各样的答案，通常都是要选自己的另一半、哲学大师、宗教领袖、性感电影明星、知名的说书人等。然后我们听到了发明鬼才狄恩·卡门的回答。卡门发明了个人交通工具“赛格威”以及其他多项装置，包括能爬楼梯的轮椅。在一次访谈中，卡门被问到荒岛问题，他想了一会儿，然后说：“世界上最棒的造船师。”预测智慧的第一项技巧就是确定自己的远大目标：想象一下自己希望创造什么样的未来，你的人生或公司必须怎么做才能达成这个目标。

二　确定赛局值得一搏

如果输的几率大于赢的几率，或者游戏规则掌控在他人手中，那么绝对不要把资源投进去。如果有必要，重新回到制订远大目标上，创造一个能带来好运势的较佳赛局。

决定方向　　　　布局

在加入任何赛局之前，要先依据自己的标准和价值观判断这是否真的是一场值得参与的赛局。唯一合理的判断方式是分析获胜最有可能得到什么好处，失败又会有什么风险，以及游戏规则是由谁操控的。

面对任何局面，要分析加入赛局的利弊得

失，合理的步骤如下：

（1）找出胜利的话会有哪些好处。如果事情进展一如计划，你会获得哪些潜在利益？换言之，在蛋还没被孵化，甚至在鸡还没下蛋之前，你就需要计算究竟会孵出多少只鸡。通过先做这件事，你还可以约略估算会有多少机会成本，也就是如果迟迟不行动会产生的成本。

（2）检视所有风险。如果计划完全失败，你会遭受什么样的损失。然后看看这些损失是不是可以管控，或者是不是在你能承受的范围之内。

（3）如果游戏规则和最主要的规则制定者都维持不变，评估最有可能出现的结果是什么，看看你在这方面有多少自信。

（4）想想谁在或谁有可能操控游戏规则，并且预测未来是不是可能发生有利或不利于自己的改变。如果其他有影响力的人加入赛局，评估你的优劣势会有什么变化。

（5）想想看，自己是不是有机会获得游戏规则的制定权，完全掌控赛局。

至于优势、劣势和掌控规则三者之间应该要达到什么样的平衡状态，这场赛局才会吸引人，公司和个人有各自不同的看法。这种平衡并没有一定的标准，纯粹是个人判断问题。你需要确保加入赛局前已经睁大眼睛评估过所有情况，不是还没有准备就绪就仓促上场。

关键思维

如果根据你的评估，即使在最佳状况下，潜在利益也不是那么吸引你，而且你也无法通过掌控游戏规则来改变获胜者的利益，那么光是考虑潜在获利，你就可以断定这场赛局不值得你上场一搏。

——艾琳·夏皮罗　霍华德·史蒂文森

三　寻求实现飞跃的机会

准备好面对可能出现的新发展。你愈早看出形势发展的方向，并且调整计划充分利用形势的转变，就愈能让自己处在比较有利的位置。把资源投入到对未来最有帮助的地方，而不要死守计划，这样才能创造好运势。

市场随时都会出现意外的变化。如果能很快看出这些变化，就可以比竞争对手早一步修正自己的计划。如果时机准确，行动明智，就可能取得巨大突破。

要抓住机会实现飞跃，必须做到以下几点：

（1）不断观察前方，记下所有不寻常的细微变化。把这些变化当成指示方向的明灯，判断它们是不是某种新趋势兴起的前兆。

（2）不放过任何“模糊线索”。这类线索并不明显，往往需要细细体会才能看出其意义，甚至还需要大胆预测。如果某种趋势已经在这些线索中露出端倪，就可以判定一个不同的新时代即将开始。

（3）作出判断，即分辨你手头的不完整资料预示着新的趋势，还是根本无足轻重。人的本能是倾向于维持现状，希望船到桥头自然直，所以实际作决定时要小心谨慎并且深思熟虑。

（4）根据决定采取行动，这是最艰难的一步。不过正由于采取快速、果断的行动，你才能够好整以暇，在其他竞争者发现获胜机会之前，就先占据有利的位置。长期下来，你会大大领先于别人。

四　知何所欲，知何以求

你需要研究和了解在达成目标过程中跟“人”有关的部分。如果你知道未来需要哪些人的协助，以及何时需要，就能在最佳时机延揽适当的人才加入，这将大大提升你创造好运势的能力。

要达成任何有意义的目标，必须把“人”这一要素搞定。只要知道需要哪些人才、如何网罗以及留住他们，你就能提高成功的几率。至于如何做到这一点，可以通过以下方法找出答案：

（1）从你的远大目标往回推，草拟出你需要哪些人才，以及他们必须在什么时候加入。例如，假设你想让公司股票上市，则公司必须有CEO、财务总监和投资关系经理人，这样才能获得投资银行的重视。然后，你再制订出这些人到位的大致时间表。

（2）运用共情，思考什么样的报酬对所需人员最具吸引力。即使工作本身可能就很令人振奋、值得投入，大家还是需要获得优厚的薪资福利条件。在出面邀请合适的人员加入团队之前，要先有腹案，这样才能增加自己的可信度。

（3）把遇到的人分为以下三大类，并区别对待：

◎核心盟友——跟自己价值观和利益一致者。

◎有潜力的人——在某些特定场合才会派上用场的人。

◎无用的人——意见相左或者漠不关心的人。

接下来的工作就是培植核心盟友，扩大和有潜力人员之间的共同利益，并且说服无用的人做个旁观者或加入别的赛局。

（4）检查所有“过去的轨迹”。你过去曾经犯下的任何错误或做出的不妥之事，有可能会再次浮出台面，挥之不去。想象一下你打算网罗的人会怎么看待你过去的决策，然后想好应对方法。

关键思维

共情是聪明玩家的秘密武器。你愈能切身了解那些能帮助你的人，就愈能建构一个他们愿意发挥聪明才智的环境。你愈能把他们的利益和你的利益挂钩，就愈能创造好运势。

——艾琳·夏皮罗　霍华德·史蒂文森

五　想想看要有多侥幸才能胜出

永远要搞清楚，自己未来的成功有多少是靠技巧和纪律，有多少是靠纯粹的好运。一旦知道实现目标在多大程度上依靠运气，就可以决定是不是应该改变目标，选择其他成功几率更高、更实际的目标。

决定方向　　布局

很多人往往会不自觉地说一套做一套，虽然他们已经有不错的策略，但做起来却完全不是那么一回事。只有真正了解自己实际上会采取什么行动，你才能评估自己是不是有合理的机会达成目标，还是必须靠莫大的运气才能成功。

要实现这点，应该做到以下几点：

（1）跟着“金流”走。“金流”是指为了得到想要的报酬而赌上的资产。对大多数公司来说，金流就是现金。只要看看预算是如何分配利用的，就能知道管理阶层重视什么，而不用听那些冠冕堂皇的说辞。

（2）评估差距，也就是评估方案开花结果的可能性。方案是否切实可行，能够帮助你实现理想，抑或理想成真的机会太渺茫，根本就遥不可及？

（3）决定最佳前进方向，即决定是应该继续坚持现在的方案但改变目标，还是另起炉灶、改走一条合理可行的道路。死守着一线希望不是好的商业策略。

有时候，人们对于策略的开头和结尾有许多构想，但对中间的过程大脑里却是一片空白，必须靠奇迹才能跨越。又或者，你能够运用的技巧和希望达成的目标之间有很大距离，这样的策略显然不可行。这时最好尽快面对现实，别再暗自祈求好运降临。至少你还可以改变目标，让这些目标更符合你的实际情况，或者寻求额外需要的资源降低风险。只要了解现实与目标的差距有多大，无论采用哪一种方法都可以创造更多好运势。

关键思维

所有方案都始于意图。玩家最重要的工作之一就是了解自己的意图，并了解这些意图是在推动你前进，还是把你往后拉。

——艾琳·夏皮罗　霍华德·史蒂文森

六　随时备有可行的替代方案

事情的发展与预期不同时，我们往往没有多少应变的时间。如果事前备有一套健全可行的替代方案，就能及时反应，给自己创造好运势。运气好的话，由于反应迅速，你也许还能捕捉并利用一些意想不到的机会，甚至可能化解新的风险。

如果事前能开发且实地测试一套牢靠的替代方案，一旦原始计划无法执行，该方案就可以派上用场，这样你就有更好的机会创造好运势。不过关键在于这套方案必须面面俱到，不能只是与

现行方案略有不同。

开发一套有力的替代方案时，往往会出现以下两个障碍：

（1）盲目跟随——组织里的每个人都在执行现行方案，没有人有时间去开发好的替代方案。这个问题很容易解决。暂时停下脚步，问大家一些假设性的问题，然后指派人员提出计划来应对这些假设性的问题。

（2）循规蹈矩——没有人愿意打头阵，出面处理真正的问题，大家都宁愿做一些常规、保险的工作。例如，有些组织试图强化营销，但事实上，无法准时交货才是造成客户流失的主要原因，除非有人有魄力先将这个障碍排除，否则不管怎么加强营销都徒劳无功。

一旦有了真正的替代方案，就可以提高成功几率，有效创造好运势。当然，开发替代方案并不容易，因为大家已经把大量时间与精力投入到现行方案中了。一旦习惯了某件事，人们通常不希望有人提醒他们，还有其他选择可以考虑。

开发可行的替代方案的好处是，你可以从中找出一些优点，放进现行方案。你或许可以撷取、利用替代方案的某些要素来提升现行方案，该方案的其余部分则可以列入紧急应变计划。

关键思维

事情的发展偏离计划或预期时，时间就成了你最大的敌人之一。如果心中有替代方案，即使非常粗糙，你仍可以在可用的时间内作出较佳反应。预先准备完整的替代方案，其实就已经是在创造运势了。

——艾琳·夏皮罗　霍华德·史蒂文森

七　预测新趋势的后续发展

几乎在所有情况下，前瞻性和灵活性都比蛮力更有力量。要为自己创造运势，就要比别人早一步看出新崛起的趋势。这样可以让你领先其他人，早一步找出有利位置，并且作出必要的判断，创造好运势。

要想迅速预测逐渐成形的新趋势，你必须根据这些新趋势的不确定性及对你的影响程度，制作自己的预测图。大多数情况下，可以运用以下方法：

影响力			
	高	壁纸区	万能牌区
	低	蚂蚁雄兵区	暗渠区
		低	高
		不确定性	

（1）壁纸区——新趋势影响力高、不确定性低。就像大部分人从不会真正为壁纸伤脑筋一样，人们知道某些因素一定会出现。尽管如此，你还是不应该把这些因素看成理所当然，要竭尽所能善用这些因素。

（2）蚂蚁雄兵区——新趋势影响力低、不确定性低。就像大量蚂蚁聚集起来才能完成事情一样，你应该留意一连串看似微不足道但结合起来却力大无比的事情。如果够机灵，你就可以找出一些对自己有利的蛛丝马迹。

（3）万能牌区——新趋势影响力高、不确定性高。这些因素完全无法预测，但影响力大，可以载舟，也可以覆舟。例如，新产品能否取得上市许可就属于这个区域。如果得到许可，销售就会暴增；如果被打回，过去大部分的投资就会付诸流水，必须从头开始。

（4）暗渠区——新趋势影响力低、不确定性高。这些因素对最后结果不会造成什么影响，而且即使花费许多时间争辩仍可能得不出结论。与其在暗渠区浪费有限的资源，不如专心强化计划，处理那些对未来成果有重大影响的因素。

注意，高报酬不一定伴随着高风险。如果能够很快看出新崛起的趋势，抢占到有利位置的次数就会比别人多。你将知道哪里才是有利位置，并依据你所看出的新趋势，果断采取行动。

要针对所处情况制作自己的预测图，必须采取以下步骤：

（1）制订时间表。对大多数公司而言，该时间通常是 3～5 年。

（2）列出所有可能的内部与外部因素。在30分钟或更短的时间内快速将它们列出来，不要拖上好几天或者好几个星期。

（3）依照影响力大小排列各项因素。你可以用1~10代表影响的程度，1是最小，10是最大。每项因素都给一个对应的分数，这样你就可以看出哪些因素重要，哪些不重要。

（4）再将整份清单依照不确定性的程度排列。依据的标准是：如果可以用陈述句来表达，就代表这项因素不确定性低；如果不能用明确的陈述句表达，不确定性就比较高。

（5）再次确认影响力和不确定性的排序，并且确认决定两者高低的界限在哪里。

（6）把所有因素放入图表，并通过常识判断进行最后确认。斟酌这张预测图是不是合理。如果不合理，就进行调整，直到你觉得可以为止。

不要忘了，预测图的用途在于帮助你迅速看出新崛起的趋势，让你善加利用这个发现。只有快速作出比较好的预测，才有时间制订比较好的方案。不要拘泥于对细节的分析，只要每次比竞争对手早一步发现新事物，就能多创造运势。一味追求完美就会失去制作预测图的意义——这是一场速度的竞赛。

关键思维

预测是指你觉得自己未来会想要什么，以及如何达成这个愿望。如果你对自己的预测非常清楚，就可以看出哪些是对的、哪些是错的，这对个人和组织来说都是最快、最有效的学习方法。每学会一个更好的预测方法，就会增加后续的胜算；每一次提高胜算，就会为自己创造运势。

——艾琳·夏皮罗　霍华德·史蒂文森

强调预测，其目的是要帮助我们在下赌注之前，先对自己无法掌握的各项因素进行判断和思考。

——艾琳·夏皮罗　霍华德·史蒂文森

八　充分利用不确定性低的赛局

尽量参加不确定性低的赛局。聪明的玩家知道胜算有多大，并且只要有机会就会选择顺势而为。简单来说，就是永远试图搭上众人皆知的新浪潮。

这一策略是指我们要尝试寻找不确定性低、影响力高的赛局。找出这类商业赛局，要运用以下技巧：

（1）想象顺势而为的最佳方法是什么——不是加入新赛局，就是修改现有方向。例如杰克·韦尔奇接手通用电气时，知道股价会随着营业收入的增加而上涨，他便专心致力于让每个部门创造更好的业绩，其他好事自然就跟着来了。

（2）运用共情找出潜在陷阱。也就是从对方的观点看这笔交易，并且试着理智预测对方会如何反应。如果他们的反应会导致两败俱伤，你可能要重新思考该怎么做。

（3）找出理想的顺势而为方案，并将其和现有策略进行比较。检视两者的差异（如果有的话），并决定怎么走下去，是加入新的赛局，还是改变方向。

对企业来说，追随趋势的做法通常与直觉相悖。大多数产业，尤其是创新型的科技公司，常试图通过开发最佳产品在市场上胜出。这是高度不确定的赛局，因为企业无法随时掌握顾客愿意花钱购买什么。比较好的低风险策略是，掌握每家公司都必须使用的关键技术，快速制订出产业标准。这样，不论谁在硬件研发中胜出，你都能从中获利。这就是微软在个人电脑市场上发挥得淋漓尽致的策略，IBM 个人电脑和其他组装电脑都使用微软提供的操作系统软件。

关键思维

有人说，所谓成功是“得到自己想要的”，而快乐则是“得到的东西自己也喜欢”。我们的说法是，称心如意是“知道自己想要什么，然后使自己得偿所愿”。

——艾琳·夏皮罗　霍华德·史蒂文森

九　找出减少或重新分配风险的方法

了解高风险交易，然后设法降低风险但维持原有收益，或者维持风险不变但增加收益，这样你就可以创造运势。不论采用哪种方法，都意在把不确定性转化为优势，而不是故意视而不见，寄希望于风险会自行消失。

风险是生活的一部分，人类的所有活动或多或少都有风险。要化风险为优势，就必须做到以下几件事：

（1）分解——把每个赛局都拆解为结局、胜算、后果三部分。有风险的状况通常相当诡谲，因此需要花点时间和精力看清所有风险。

（2）设计一个简单的“不确定性坐标图”。选择两个最重要的高风险变量，然后通过变量的不同组合得出四种假设情况。不断尝试各种不同的变量并进行组合，直到得出一个让你自认为能够掌握当前面对的主要风险和利益的坐标图为止。

（3）针对坐标图中的四种假设情况，找出降低或分散风险的方法。问问自己：“如果知道三年后这件事会发生，我现在会不会采取不一样的方案？”找出一个在四种假设情况下都对自己有利的方案。

（4）如果所有可能方案的结果都很糟糕，想想干脆全面退出是不是最好的选择。

（5）试试小型的附加方案，将其当成一种应变策略。在大多数时候，这些小投资只是浪费金钱和时间，但偶尔小兵也会立大功。平时不妨播下一些种子，看看会结什么果。

注意，如果现在的方案只适用于坐标图中四种假设情况之一，那么风险就可能比你意识到的还要高。如果你以为这些方案“想都不必想就可以稳赢”的话，这就是一种危险信号，显示你没有充分了解自己究竟承受了多大的风险。应该时时提醒自己，昨日的对错都无关紧要，唯一重要的是今天要怎么下注。

关键思维

风险必然会发生，这给了聪明玩家两种选择：一是转移或分散风险，长期下来就可以大大增加整体收益；另一种选择是，如果其他人为了增加确定性而愿意付出过高的代价，那么就选择作为承担风险的一方，然后收取对方所支付的大笔金钱，这样也能够提高整体收益。

——艾琳·夏皮罗　霍华德·史蒂文森

十　看清楚自己的目标

很多时候我们会把注意力放在一些次要的问题上，而忘记自己为之奋斗的真正目标。这是失败的策略。要持续创造自己的运势，就要非常清楚自己的核心目标和实现该目标的方案是什么。如果核心方案很健全，处理其他细节就不成问题；如果核心方案不牢固，就请放弃。

如果你真的了解目前的局势，就应该扫除所有迷雾，并且把核心方案浓缩成三张要点提示卡。

1

行动

明确说明你将采取哪些行动，也就是新产品或策略的核心内容，至于其他华而不实的枝节就先搁置一旁。叙述要简明扼要，让急性子的老板也能感到满意。

2

意图

指你希望得到的结果，以及这些结果会为组织产生什么价值。一定要详细说明你想取得的特定成果，否则就表示你计划得还不够充分。

3

预测

预测市场的走向以及你有多大把握。重要的是弄清楚你提出了哪些假设以及这些假设成真的可能性。

矛盾的是，许多公司谈到次要问题时，可以说得头头是道，但对于核心目标却往往说不清楚。这是失败的策略。如果核心方案不是很健全，次要目标或次要问题处理得再好都没有用。要创造运势，就必须非常清楚自己的核心方案是什么，次要问题以后再处理就可以了。如果核心方案不牢固，就先全力修补，不然就干脆退场。否则到最后所能做的，将只是试图为一个失败的提议套上一副乐观的面具，这样的粉饰其实是徒劳无益的。

关键思维

核心方案只要涵盖了意图、预测和行动这三个部分就可以，而三者的先后顺序并不重要，但是要确认三者之间配合良好。

——艾琳·夏皮罗　霍华德·史蒂文森

十一　了解后续的所有赛局

大多数赛局都有多米诺骨牌效应——一旦开始，就要一路进行下去。因此在开始下注之前，你需要确定自己是否能够承受接下来的一连串赛局。如果不能，就不要开始，不要浪费资源。

开始走上这条路之前，你必须确实了解自己以后将面临什么状况。大多数目标都必须经过一连串赛局才能达成，所以赛局一个接一个是常见的事。因此在踏出第一步之前，就要先确定自己愿意走完这条路，不要等到踏出之后才去想这件事。要做到这一点，需要做以下两件事：

（1）分析哪些是接下来你必须要走的步骤，即找出理论上你必然会面对的所有可预见的赛局。如果其中有些赛局让你觉得不放心，现在就把它们找出来，不要拖延。

（2）判断一下组织内部会不会对后续的赛局产生任何抗拒，因为这会影响到最后的结果。如果确定后续的赛局会让部分利益相关者感到不放心，那么在加入赛局之前，就先想想这样做到底值不值得。想一想，跟那些不喜欢自己目标的人相比，谁的权力更大。确定自己并不是在打一场毫无胜算的仗。

商场上或生活中有些赛局类似连锁反应。一旦踏出第一步，就会引发一连串的事件，让选择的空间愈来愈小，明天将做什么很大程度上取决于今天做了什么。这样也无所谓，只要了解自己会面临什么状况就可以了。你需要确定的是，自己已经准备好接受后果。

后续的赛局是好还是不好，你愈早看出来，

就能够愈早判断为了达成目标花这么多心力究竟值不值得。如果没有准备好要怎么处理后面必然出现的赛局，一开始就不要投入。

关键思维

在我们看来，伟大的领导者都具有持续预测的能力——他们了解要达成目标必须做些什么，然后再去做。要成为高效的领导者，除需要训练说话、沟通的技巧外，还需要多多练习预测的技巧。在为自己、公司甚至国家选择领导者的时候，多看看这个人在不确定状况中的获胜情况，而不用管他的演说能力强不强。

——艾琳·夏皮罗　霍华德·史蒂文森

十二　知道该何时转战下一赛局

每次下注都会让你置身于某种赛局之中。在某个时间点你必须决定是不是该退出，然后转战另一场截然不同的赛局。如果能够掌控退场的时机，就能取得更有利的位置创造运势。

在任何时候，你都可以选择：

◎继续留在自己还有能力操控的赛局中，即继续做应该做的事，直到别人把你驱逐出场或者整个赛局结束。

◎扩大赛局，设法争取更大的回报，即追求比过去更大、更多的回报。

◎退出现在的赛局，转战其他不同领域的赛局，争取跟过去完全不同的特殊回报。

任何情况下，在决定应该采取什么行动路线时，都必须搞清楚以下三项要素：

（1）对现状的满意度——对目前所得到的结果有多么满意。

（2）预测如果留在目前的赛局，会有哪些回报——考量未来的利益、风险以及游戏规则制定者这三个变数是不是稳定、可以预测。在这个步骤中，你要评估的是，如果维持现状会失去更多还是得到更多。

（3）自己的意图——未来你想得到的结果。例如，你是希望得到更多现在所得到的东西，还是想得到其他完全不同的东西？

如果把这三项因素放在一起考虑，就能够决定究竟应该维持现状，还是应该改变策略。严格说来，为未来所作的决定，应该完全基于你预期未来会有多大利益，以及自己的意图究竟是什么，过去的经历不应该影响个人的决定。

最后，以下六件事可以增强前文所述的12项技巧的效力，进而提升预测智慧：

（1）每次都要运用12项技巧，以避免和预防因遗漏而发生失误。运用的步骤愈完整，就愈能提升预测智慧。放手去做，可以依照不同情境改变运用12项技巧的先后次序，但一定要一个不落。

（2）记下你对每一项技巧的想法，这样就可以拥有永久的记录。把事情记录下来也可以强迫自己把事情想得更清楚。如果你已经养成记录的习惯，经过一段时间，你就会发现自己的判断变得更加敏锐，而且会不断想出新的点子。

（3）尽快运用12项技巧。这里说的是花几分钟，而不是一头栽进去花上几天或几周的时间。事后可以再回过头来补充一些细节，但要很快作决定。大多数投资都存在先发优势，应该充分利用这个优势。如果一直等到其他公司都发现了这个优势时才采取行动，就会错失初期丰厚的利益。

（4）谨记这12项技巧的唯一目的是帮助自己制订和实施方案，而不是完美解决所有细节问题。运用这些技巧，然后下注；下一回合再次运用这些技巧，然后更好地下注。回去工作吧，不要老是在技巧上吹毛求疵。

（5）要认清，在局势不明时采取行动是很恐怖的。本来看起来明智的做法，一旦有了新的信息，就可能会变得非常愚蠢。没关系，这就是玩家的宿命。继续向前看，并且运用上述12项技巧提升预测智慧，持续练习就可以为自己创造运势。

（6）享受赛局，即认清在职业生涯中我们总是有失有得，有时失败，有时成功。单纯地体会参与赛局本身的乐趣，放轻松好好享受。

关键思维

拥有预测智慧并不能让你脱胎换骨，但可以让你提升自己，让你更有能力做到有助于开创自己理想未来的事。尽情享受赛局的乐趣，并且从中获益，即使失败也要不断学习。无论是正面的还是负面的经历，都是学习的一部分，你要抱持“胜不骄，败不馁”的态度。你一定会不断犯错，犯很多错，但只会偶尔犯下真正严重的错误。

——艾琳·夏皮罗　霍华德·史蒂文森

你不能改变过去，但可以以过去为镜。对未来保持憧憬，运用预测智慧开创你想要的未来。

——艾琳·夏皮罗　霍华德·史蒂文森

六双行动鞋

Six Action Shoes

A Brilliant New Way to Take Control of Any
Business or Life Situation

原著作者简介

爱德华·德·波诺（Edward De Bono），全球公认的创意思考及思考技能教学领域的权威，“水平思考”的创始人，并曾受邀到 54 个国家讲学。已出版 60 多部著作，包括《水平思考法》、《六顶思考帽》等，被翻译成很多种不同的语言，风行全球。

本文编译：谢绮蓉

主要内容

主 题 看 板　穿对鞋做对事，弹性章法一把抓 / 99

轻松读大师
一　思考帽与行动鞋 / 101
二　六种行事风格 / 105
三　六双行动鞋系统 / 125

主题看板

穿对鞋做对事，弹性章法一把抓

六双行动鞋的理念是为了帮助人们在任何状况下都能采取最佳行动而设计的实用决策机制。不同形态和颜色的鞋各代表不同的行事风格。

深蓝色皮鞋行动模式

深蓝色——用于制服的颜色。
皮鞋——非休闲穿着。
深蓝色皮鞋行动模式代表依规定行事。

橘色橡胶靴行动模式

橘色——超乎寻常的颜色。
橡胶靴——紧急救难人员的穿着。
橘色橡胶靴行动模式代表采取紧急行动。

灰色运动鞋行动模式

灰色——低调、易调和的颜色。
运动鞋——活跃的鞋子。
灰色运动鞋行动模式代表为日后的决策搜集资料。

粉红色拖鞋行动模式

粉红色——女性化的温暖颜色。
拖鞋——休闲、柔软的鞋类。
粉红色拖鞋行动模式代表关怀与同情。

咖啡色便鞋行动模式

咖啡色——混杂、切合实际。
厚底便鞋——坚固的日常鞋。
咖啡色便鞋行动模式代表务实和实用主义，表示积极主动采取明智和务实的行为。

紫色马靴行动模式

紫色——代表权威的特殊颜色。
马靴——掌权人士的穿着。
紫色马靴行动模式适合具有权威角色或者履行正式权限的人使用。

只要精通这六种行动模式，并巧妙搭配、运用它们，在遭遇不同状况时，任何人都能学习如何采取适当的行动。

生活和商业活动中许多状况叫人难以捉摸，令人困惑，而困惑正是行动的大敌。六双行动鞋的理念则让每个人都有机会判断状况，找出适合各种状况的最佳行动方案。

一　思考帽与行动鞋

1983年，《六顶思考帽》一书提出了创意思考的思考架构，而“六双行动鞋”则是延续该思考架构的行动模式。

1. 六顶思考帽

“六顶思考帽”中，每一顶帽子代表一种特殊的思维模式或思考视角：

◎白色帽子——中性颜色，代表信息。戴白色帽子的人会在采取行动之前以客观的眼光审视获得的信息。

◎红色帽子——温暖热情的颜色，代表感觉。戴红色帽子时，感觉、情绪和直觉主导一切。

◎黑色帽子——逻辑性强、严肃的颜色，让人联想到法律和正义。戴黑色帽子的人会采取符合逻辑且非常严谨的方法。

◎黄色帽子——与阳光和乐观有关。戴黄色帽子的人会以正面的态度看待问题，着眼于有利的方面。

◎绿色帽子——新兴的成长。戴绿色帽子的人会发掘富有创意、没人尝试过的全新想法。

◎蓝色帽子——湛蓝的天空。戴蓝色帽子的人会在思考过程中采取冷静、超然的眼光。

这种创意思考方法有许多优点。比如，区分不同的思考模式可以使人避免陷入杂乱的思绪，并减轻个人主观意识对工作的干扰。整体而言，这六顶思考帽有助于激发建设性思考和不同团队间的合作思考。

每次使用一顶帽子来思考问题，帽子之间互不干涉，这样的效果更好。

2. 六种行动鞋

“六种行动鞋”是决定该采取何种行动的实用决策方法，适用于各种状况。每种鞋子都有特殊的颜色和形态，分别对应某种行事风格。该方法重点不在于分析，而在于行动。就像六顶思考帽一样，每种不同的鞋子代表特定风格的行动。

六种行动鞋如下：

◎深蓝色皮鞋。

◎灰色运动鞋。

◎咖啡色便鞋。

◎橘色橡胶靴。

◎粉红色拖鞋。

◎紫色马靴。

在生活和工作中，思考通常只占一半，另一半是行动。行动必须视状况而定，有时可能需要多达六种风格的行动，在采取行动前有两个步骤：

◎先问问自己："这种状况需要采取哪种行动？"

◎在脑海中穿上适当的行动鞋，然后以相应的模式行事。

不论面对何种状况，感觉都是最重要的。换

句话说，就是应将所有要素都列入考虑范围，而这通常需要经验和观察。人脑通常只看到自己想要看到的事物。经验可以让头脑借助熟悉的模式作好看清事物的准备。六种行动鞋代表六种行动模式，可以让人认清局势，采取有效行动。

鞋子总是成双的，行动方式也可以混合使用，即针对不同状况采用不同的组合，以增加行动的弹性。

二　六种行事风格

六种鞋型，六种颜色，六种行事风格。面对不同状况，选择相应行动鞋，灵活应对。

1. 深蓝色皮鞋

深蓝色或海军蓝是许多制服的颜色。海军或其他军种必须进行严格的操练，执行严格的日程和正式程序。深蓝色皮鞋行动模式意味着严格依照程序和规定行事。

许多组织认为，程序和规定使人们避免产生困惑，确保每个人都能受到公平的对待。在部分极端的状况下，偏离规范流程甚至可能威胁到生命安全。

深蓝色皮鞋行动模式是指在某些状况下，标准程序是最有效率和最有用的方法，它要求行动者按部就班，根据规定有效执行每个步骤。

（1）优点。

◎标准程序可以简化生活。如果每个人开车时都自行决定要靠左行驶还是靠右行驶，就会造成混乱。

◎在许多状况下，标准程序可以带来更高的效率。通过依循既定的日常规范，我们不必花过多时间决定琐事，会变得更有效率。

◎组织所制定的规范流程是做某些事的最佳方法。

◎一旦确认某种状况适宜采用深蓝色皮鞋行动模式，你就能在常规作业之余，有创意地思考其他问题。

◎规范流程可以保证大家的表现。每个人只要注意事先设定的规范流程，就可以有不错的表现。

（2）缺点。

◎每件事都照章办理会失去弹性和创意。

◎在制定大家必须遵守、执行的程序时，官

僚作风可能会随之兴起。

◎在任何状况下，如果依循的不是既定步骤或规范流程，而是某个领导者的个人判断，就会助长腐化之风。

（3）推论。

规范流程看似是一种限制，但也可以带来效率和自由。例如：

◎每条铁道只能单向行驶，但也因此可以高效地运送大量物品。

◎杯子使液体避免四处流动，让使用者更有效地饮用饮品。

◎梯子可以让使用者到达更高的高度。

（4）良好规范流程的特点。

◎应该考虑到各种状况，并且易学易记。

◎各个步骤应该简单明确、直截了当、顺序合理，并且可以产生合乎逻辑的结果。

◎应该具备弹性，即使省略一些步骤仍然可以运作，且适用范围广泛。

◎应确保目的明确、逻辑清晰。

（5）行事风格。

深蓝色皮鞋行动模式意味着依循既定的、正规的程序一步步开展作业。这并非不动脑筋的重复操作，而是有意识且理性的决定和行动。有时候，依循一定程序有其必要性，也十分有效率，因此也是继续向前迈进的有效方法。

2. 灰色运动鞋

灰色是一种中间色，运动鞋是舒适休闲的鞋型。灰色运动鞋行动模式是指采取探险、调查和搜集证据的行为。

灰色运动鞋行动模式以一种休闲、非正式的眼光看待事物和周围的状况，是一种搜集信息的模式，尤其指低调的调查方式。灰色代表行动者试图保持低调不张扬，并且进一步思考所发现的信息。

灰色运动鞋行动模式是一种随性的方式，不必依循严格的逻辑顺序。事实上，你发现的信息将会决定你下一步的行动。这是帮助你挖掘真相的“前期行动模式”。

（1）优点。

◎刚开始进行某个项目但尚未决定达到最终目标该采取什么方式时，最适合使用灰色运动鞋行动模式。

◎此模式可以引导你初步提出假设，然后在真实的世界中检验它。灰色运动鞋行动模式可用来测试任何理论的有效性。

◎灰色运动鞋行动模式有助于处理两种互相抵触的理论，而可以经受精密检验的理论比较可能是正确的理论。

◎这个模式可以用来搜集足够的信息以证明或推翻某个想法，或者预测未来发展。

◎在你想要确认需要哪些更深入的信息时，也可以用灰色运动鞋行动模式。

（2）特点。

◎思考、想法和信息之间呈现一种动态的关系。信息无法取代思考，光是搜集足够的信息无法解决问题，必须通过思考想出办法；而没有以正确信息为基础的思考则毫无价值。思考主导着所有形式的资料搜集，并赋予其价值。

◎搜集足够的信息无法取代思考和行动，思考能使搜集到的信息发挥最大功用。

（3）调查形式。

◎最有用的调查就是为了验证一个理论或假设而搜集证据。为避免得出不成熟的结论，至少应该提出两个有效假设，并找出证据支持它们。

◎资料搜集应该客观中立，不应偏向其中一个假设。寻找符合所有事实的理论和寻找某些事实来支持自己偏好的观点是完全不同的。提出两个假设可以避免产生误导调查的理论。

◎信息搜集或灰色运动鞋行动一般不是解决问题的最后步骤，而是其他行动模式的准备步骤。何时应该停止搜集信息，转而采取其他行动因具体情况而异。一旦继续采取灰色运动鞋行动模式，却只能搜集到少量有效的信息，通常就表示应转而采取其他行动模式。

◎灰色运动鞋行动模式需要努力和纪律，还需要专注，并要求避免在信息搜集不足的情况下过早行动。中性的灰色强烈建议以不具主观偏见的方式搜集资料。该模式需要行动者有毅力和持久的注意力。

（4）行事风格。

灰色运动鞋行动模式首先搜集资料，并把它们作为理论的基础，之后再搜集更多的信息来检验这个理论。灰色代表中立（避免骤下断语）、思考以及低调不张扬；运动鞋代表以休闲和灵活的方式行动。

总之，灰色运动鞋行动模式的目的是系统、全面且完整地搜集信息，而搜集到的信息则成为下一个行动模式的基础。

3. 咖啡色便鞋

咖啡色便鞋行动模式建立在务实的理念和实

用主义的基础上，要求行动者在不断变化的情境中，以主动灵活的方式适应环境。

咖啡色便鞋行动模式强调务实。深蓝色皮鞋行动模式要求依循事先制定的规范流程，而咖啡色便鞋行动模式则要求随着事态的发展制订出最好方法。保持弹性或是随着状况的改变而调整行动，可以说是咖啡色便鞋行动模式的要领，即随机应变，该做什么就去做什么。

咖啡色代表基础工作或沾满泥巴，咖啡色便鞋行动模式强调身体力行。该模式经常被形容成“灵活聪明”，虽然通常并不轰轰烈烈，但切实有效。

（1）优点。

◎咖啡色便鞋行动模式建立在实用主义的基础上。换句话说，该模式对所有相关状况和人物保持敏锐的观察力，讲求务实，同时注重原则。实用主义并不代表为达目的不择手段，只要能取得好的结果，所有方法都可以接受；实用主义重视的是理想与现实之间的平衡。

◎咖啡色便鞋行动模式的重点在于追求效能，而不是智慧或创意。效能代表具备足够的资源。效率指以最少的成本完成任务；效能则指以所有可用的资源创造最好的结果，必要时还可以寻求更好的资源。也就是说，该模式重视结果的品质，而不刻意节约成本。

◎咖啡色便鞋行动模式由良好的价值观、意识、纪律组合而成。良好的价值观建立在为社会或个人所广泛接受的行为准则上。良好的意识是指高度敏锐（认清状况），明白轻重缓急（明白何者最重要），以及讲求务实（了解哪个目标最易达到）。良好的纪律包括一般的道德纪律（例如不能为达目的不择手段）和务实的纪律（例如明确定义资源和目标）。

（2）范例。

◎咖啡色便鞋行动模式适用于一般规则手册完全无法派上用场的不明朗局势，需要行动者采取实用主义，应对不断变化的状况。

◎有时什么都不做也是该行动模式对某些状况的正确处理方式。

◎将规则摆在一边，随着局势的发展，运用常识来决定最好的应对方式。

◎在原计划行不通、必须采取行动挽救局面时，应当转而采用该行动模式。

（3）特点。

◎咖啡色便鞋行动模式要求行动者采取主动，并且有能力摆脱一般人常采用的行动方式。

◎该模式要求行动者视当时的环境和本人的性格特点采取行动，无关规则。

◎在该模式下采取行动完全根据具体情境的需要，无需受限于正常的既定模式。

◎咖啡色便鞋行动模式简单、务实、有效。

（4）行事风格。

咖啡色便鞋行动模式非常低调务实，要求行动者随着局势的改变而调整行动。它需要评估状况、分清轻重缓急，然后主动采取行动。

实用主义是关键。行动者需要寻找简单、务实、有效的办法，制订计划，但要准备好视状况所需而作出调整。随时掌握各种动态，有任何新变化出现时，都要灵活应对。

4. 橘色橡胶靴

橘色是有警告意味的鲜艳颜色，橡胶靴则是消防队员或其他处理紧急状况的工作人员所穿的鞋子。橘色橡胶靴行动模式适用于生命财产受到威胁而必须立即采取行动的状况。该模式要求立即行动，以消除对生命安全的紧迫威胁。

橘色橡胶靴行动模式与紧急状况直接有关。不管是意外事故、商业危机，还是疾病伤痛、危险遭遇，每个人都难免会遇到紧急状况。该模式既适用于威胁人身安全的状况，也适用于轻度危险和行动出现错误时发生的各种紧急状况。处理这类状况的首要步骤是立即采取行动，不要花一段时间了解状况后才作出反应，要紧急采取行动，而不是研究各种可能性。

（1）特点。

◎在紧急事故中，受害者、无辜的旁人和处理状况者的生命安全都可能会受到威胁。

◎紧急事件通常突然袭来，没有一定的预兆，行动者必须紧急作出反应。

◎紧急事件完全无法预测，根本不可能采用标准程序应对，每个紧急事件都是独特的挑战。

◎面对紧急事件时，一般人的情绪都很激动，不见得能保持理性。

（2）行动方针。

◎应立即评估现存和潜在的所有危险及其威胁范围。

◎立即采取一套策略来应对危险，该策略必须立竿见影，不然就马上试试其他策略。

◎随时评估局势，将手边拥有的新信息或资源纳入考虑范围。

◎采取行动时应保持冷静、从容，随时想到

整体目标。在大部分紧急事件中，等待并非明智的选择，通常拖得愈久，情况会变得愈难收拾。

（3）其他特点。

◎橘色橡胶靴行动模式需要行动和心智上的勇气。你自己生命安全受到威胁时，你需要行动的勇气；当他人的安危系于你一身时，你必须勇于作出并执行决定。

◎橘色橡胶靴行动模式一定会存在风险。一旦采取某项行动，其他可能的方案便会被排除，或者该行动对改善局势没有帮助，甚至让问题雪上加霜。

◎橘色橡胶靴行动模式应该基于理性的设计和策略，而不只是顺势应对。每项行动都应该与整体目标一致，并考虑到主要目标无法达成时该如何处理。

◎对所有橘色橡胶靴行动的评估都应该基于相关的危险，尽量减少危险因素是首要任务——直到能够掌控所有危险因素时，行动才不会受影响。

◎橘色橡胶靴行动模式需要控制力（排除紧迫危险）、决断力（只能有一个决策者）以及统一的策略（所有相关人员相互合作）。在这个模式下，需要有人号召行动且愿意为最后结果负责。

◎因为行动者面对巨大压力，所以橘色橡胶靴行动模式要求行动者具有良好的心理素质。信誉、信任和人格特质都将影响行动者对紧急状况的处理，必须有克服困难的性格特点，才能确保橘色行动的实施。

（4）行事风格。

橘色代表警戒或警报，橡胶靴则通常是处理紧急状况的工作人员所穿的鞋子。橘色橡胶靴行动模式适用于紧急状况。

此种行动模式的重点在于降低对生命安全的威胁，因此必须对局势进行正确的评估，采取一致、明确、理智的行动策略，并随时监控各项行动的效果，仔细考虑各事项孰轻孰重、孰先孰后。

5. 粉红色拖鞋

粉红色代表柔和、舒缓，具有女性特质；拖鞋则是平日享受安静、放松身心的家居鞋。粉红色拖鞋行动模式强调对“人”这项要素的关怀和体贴。

粉红色拖鞋行动模式的重点是关怀、同情等人类情感，在宗教事务、社会工作、医药和护理行业中，粉红色拖鞋行动模式发挥着主导作用。该模式离不开人们的彼此关怀，也是文明的基础。

（1）特点。

◎粉红色拖鞋行动模式仍旧是一种行动模式，它不只意味着对他人产生共情或同情，也意味着将这些感情以适当的方式落实到行为上。

◎粉红色拖鞋行动模式在所有行为上加入“人”的因素，与其他行为模式一起使用时，强调的是人与人的接触与关注。

◎近来许多全球顶尖的商界领袖重新发现人力资源的重要性，企业界也比以往更注重对客户的关怀和服务，这些都是实践粉红色拖鞋行动模式的例子。

◎粉红色拖鞋行动模式通常表现在细腻的表达或举动上，例如对人以名字相称，或是通过各种方式让他人觉得受到重视。

◎粉红色拖鞋行动模式的关键在于人与人之间的关怀。有时候，粉红色拖鞋行动模式下的行动所产生的效果也许会影响其他模式的行动，所以可能需要优先采用这个行动模式。

（2）行动层次。

◎渴望关怀他人。在第一个行动层次，人们出于渴望关怀他人的想法，决定采取粉红色拖鞋行动模式。

◎共情。站在他人的立场，从他人的视角思考是粉红色拖鞋行动模式的第二个层次。

◎以行动展现关怀和提供协助。不能低估身

体力行这一层面的重要性，一旦熟悉了相关情况，就必须给予关怀和采取实际行动。

（3）行事风格。

粉红色拖鞋行动模式要求排除对他人的任何偏见，对每个人都尽可能付出最多的尊重、了解和同情。该模式秉持一个简单的信念：每个人都应该受到他人的关怀。

粉红色拖鞋行动模式要求行动者展现关怀。有时候它需要配合其他行动模式，有时候则必须单独运用。不论面对的人是谁，粉红色拖鞋行动模式永远强调人的重要性。

6. 紫色马靴

按照西方的传统来说，紫色是贵族的颜色，通常与盛会或正式典礼有关。同样，马靴也不是百姓的休闲穿着，只有在参加隆重的活动时才穿。因此，紫色马靴行动模式指行动者扮演权威的角色或履行正式的权限。在这个模式里，个人感觉或偏好次于职务职能的要求。

紫色马靴行动模式强调扮演权威的角色。当人们在这个模式下行动时，便会履行职务职能，行为标准也会与个人生活中奉行的标准不同，不再与个人性格有关。

（1）特点。

◎权威角色的获得可能基于学历、专业训练、实际经验、选举或上级人士的任命。社会的各种组织设定了许多重要程度和权力大小不同的权威角色。

◎人们在规定的权限内可以行使其他时候无法行使的职权。换句话说，采用紫色马靴行动模式时，人们会根据清楚明确的角色职责采取行动，个人能力会在职务范围内被放大。

◎任何权威角色的职权都伴随着相应的责任。这代表拥有某项权限的人，不应从事任何非法或犯罪的行为。权威角色并不鼓励你侵犯基本人权，也未授予你超越法律行事的特权。担任权威角色的人应该在坚持正义和尊重所有人的前提下担负起社会责任。在极端的情况下，如果这个角色被要求做出违法的事情，个人有权力辞职。

◎在紫色马靴行动模式下，行动者的行为必须前后一致，不可以任意改变采用行动的时机，否则可能危及自身地位。同样，扮演权威角色时，必须无私地对待每项行动。

（2）与其他行动模式的关系。

◎深蓝色皮鞋行动模式由正式规定的作业步骤所组成。紫色马靴行动模式可以依照自己的需要设定行动步骤，不必依照他人规定。

◎与咖啡色便鞋行动模式类似，采用紫色马靴行动模式的人可以发挥个人的主动性，但是这个角色要求行动者做出适当的行为，因为它较为正式且具有权威性。有时这两个模式可以同时进行，但有时则会彼此冲突。

◎橘色橡胶靴行动模式和紫色马靴行动模式有许多类似之处，显著的差异则在于后者不适用于危险的情境。

◎紫色马靴行动模式有时会因为粉红色拖鞋行动模式的情感因素而不容易被采用，但在最后的分析上，紫色马靴行动模式通常会占上风。

◎紫色马靴行动模式有时可以协助灰色运动鞋行动模式的行动（使行动者更易搜集信息），但有时则会抑制这些行动（人们不敢与权威角色对话）。

（3）行事风格。

紫色马靴行动模式代表权威的风格。就功能而言，这是一种角色扮演，行动者执行该角色所设定的行为和判断，并保证其行为具有一致性。行动者在行使正式权限时应避免将其个人信念与职务要求混为一谈。

即使在官方角色中，还是有发挥主动性的空间，但必须尊重为社会大众所接受的正义和公平原则。官方角色的权力由法律赋予，行动者不能超越法律行事。

三　六双行动鞋系统

六双行动鞋系统的用武之地在于指导行动，而非思考。这套系统不需要精密的架构帮助行动者分析细节，它主要是提高行动的效率和一致性。

1. 合理搭配行动鞋

每个人都应该培养自己采取六种行动模式的技能，这样当相应的状况出现时，就能有明确的目的与行动。有些世界级的大企业就运用该方法，使员工了解在出现各种状况时，应该采用何种行事风格。

（1）在现实生活中，每个人都穿着两只鞋子，在行动上也可以视情况需要，混合两种不同的行事风格。面对现实生活的大部分状况，人们很少单独采用一种行事风格。举例来说：

◎在必须进行正式询问时，穿一只灰色运动鞋和一只深蓝色皮鞋。

◎在需要温和不张扬时，可以灰色运动鞋搭配粉红色拖鞋。

◎在处理紧急状况时，可以紫色马靴搭配橘色橡胶靴。

（2）不同风格的行动的比例也可以调整，使之达到平衡，即可以带着两种行事风格进入任何状况。举例来说：

◎当局势不明时，可以先采用咖啡色便鞋行动模式或是粉红色拖鞋行动模式，将重点放在最有效的模式上。

◎可以用灰色运动鞋行动模式先处理一些问题，一旦形势需要，再搭配咖啡色便鞋行动模式。

（3）在特殊状况下，除了采用主导的行事风格外，还可以运用其他行事风格要素。举例来说：

◎完全采用紫色马靴行动模式，但是思维里带着粉红色拖鞋行动模式的成分。

◎采用咖啡色便鞋行动模式，同时注意需要采取灰色运动鞋行动模式的地方。

◎采用深蓝色皮鞋行动模式，并以紫色马靴行动模式作为必要补充。

2. 口说无凭，采取行动

六双行动鞋系统的设计旨在设定行事风格，帮助行动者找出最适合处理各种状况的行动。其目的不是为了分析，不是描述已经发生的行为，不是进行复杂的思考，而是指导实际操作。

六双行动鞋系统有助于保证行动的一致性。虽然每个人都有自己较为擅长的行事风格，但应该试着培养使用每种行动模式的技巧，以免让自己变得僵化、呆板。

3. 简单且实际

有些人对任何简单的事情都抱持怀疑的态度。实际情况是，任何不够简单的方法都不够务实，复杂只会带来困惑。

六双行动鞋系统很中性，不会对任何一种行动作价值判断，是一种有效且有用的行动体系。

魔宙

Mojo

How to Get It, How to Keep It,
How to Get It Back If You Lose It

原著作者简介

马歇尔·戈德史密斯（Marshall Goldsmith），全球知名的高管教练，定制化360度反馈法的先驱者。2009年被《时代》与《福布斯》杂志评选为全球15位最具影响力的企业思想家之一，2011年被管理思想家排行榜Thinkers50推选为世界50大思想家之一，是极少数受邀与全球逾百名顶尖CEO及其经营团队合作的高管教练。他也是重量级的演讲家，经常受邀至全球各商学院发表演说。毕业于美国印第安纳大学与加州大学洛杉矶分校，著作逾30部，包括《UP学》、《你也可以参加的领导峰会》等。

马克·赖特（Mark Reiter），版权代理商兼作家，曾和不同作家合著多部著作。

本文编译：叶心岚

主要内容

5分钟摘要 | 找到魔宙就能成功 / 133

轻松读大师 | 一　魔宙的四块基石 / 135
二　身份 / 140
三　成就 / 150
四　名声 / 159
五　接受能力 / 167

专家解读 | 魔宙，幸福与成就之源 / 175

5分钟摘要

找到魔宙就能成功

当你完成某件意义重大、影响深远且积极正面的事情，并且获得认可时，魔宙就会出现。魔宙是一种感觉，当你交出一份让自己骄傲无比的靓丽成绩单时，就会体验到这种感觉。

你拥有的魔宙愈强，在生活的各个层面就能感受到愈多的幸福和意义。真正成功的人将大部分时间花在加强魔宙上，这是他们与其他人的迥然不同之处。

魔宙源自我们对正在进行的事情所抱持的正面心态，它由内而生，再形诸于外。当我们对当下所做的事怀有积极正面的感受时，旁人也能察觉到这种感受，此时我们的魔宙清晰可见。

强大的魔宙包含四种关键成分：

◎你的个人身份和自我形象。

◎你近期成就带来的影响。

◎他人对你个人名声的评价。

◎你对自己和外界的接受程度。

当充分领悟到这些成分的相互作用时，你就能在个人生活与专业领域打造和保持魔宙。

一　魔宙的四块基石

人们用各种方式定义“魔宙”一词。演讲者的魔宙是当他发表演说时，听众仔细聆听他说的每个字，赞同他提出的每个观点，对他的每个笑话报以笑声；运动员的魔宙是在运动场上发挥最佳水平；也有人从类似宗教的角度看待魔宙。总而言之，魔宙就是热爱你所做的事，并且展现出来。

要拥有强大的魔宙，你必须在以下四方面奠定基础：

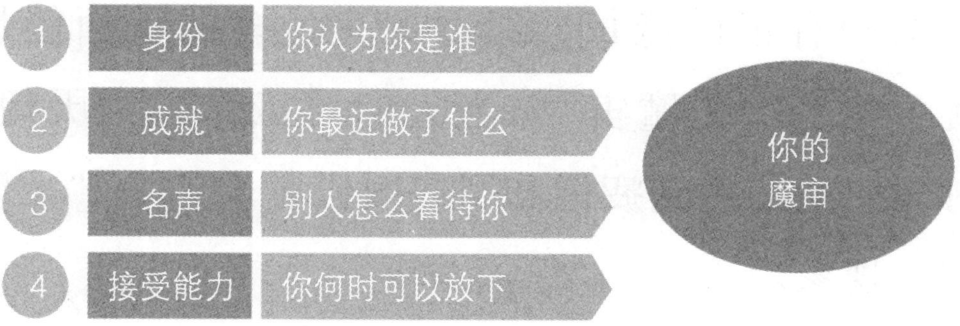

◎身份。你必须知道你是谁、你的大致情况以及你支持的价值观，你必须能够回答“你认为你是谁”。

◎成就。你需要有令自己引以为傲的事迹，当有人问到你最近做了什么时，你能有一箩筐可以分享。

◎名声。假设别人手中握有用来评价你过往事迹的计分板，他们会据此决定怎么看待你。

◎接受能力。辨别哪些事物是你可以改变的，哪些事物超出你能直接控制的范围。拥有魔宙的人能理解事情背后隐藏的真相，能坦然接受并面对，明白何时应该放下。

要更深入地了解魔宙，方法之一就是把拥有魔宙和没有魔宙的状态进行比较。如果魔宙是指拥有正面能量，那么拥有过多的负面能量就可称为“无魔宙”。当人们对工作感到厌烦，对职业生涯感到疲倦和沮丧时，就会产生“无魔宙”现象。

有魔宙和无魔宙之间的差别如下：

有魔宙	无魔宙
负起责任	扮演受害者
往前迈进并且努力做更多	原地不动或得过且过
热爱你的工作，珍惜机会	对非做不可的事，只想敷衍了事
鼓励与关怀	忍耐与怨怼
对人生充满热情	行尸走肉一般

与魔宙相对，也存在所谓的“魔宙悖论”，意为面对生活时，我们本能的反应不是感受幸福，感受意义，而是屈从于惯性。

大多数时候，我们的反应是继续做已经在进行的事。惯性是衡量近期魔宙强弱的有力指标。打破惯性束缚，你才能做更多加强魔宙的事情，为此你必须时刻问自己以下两个问题：

◎通过做这件事我能够得到多少长远好处或这件事有什么深远的意义？

◎通过做这件事我能够得到多少短期满足感或幸福感？

定期提出这两个问题，分别在工作和家庭中

追踪及记录你的答案，这样你就能知道如何扩大自己的魔宙。

你的工作本身无法决定你会拥有多少魔宙。魔宙以两种基本形式呈现：

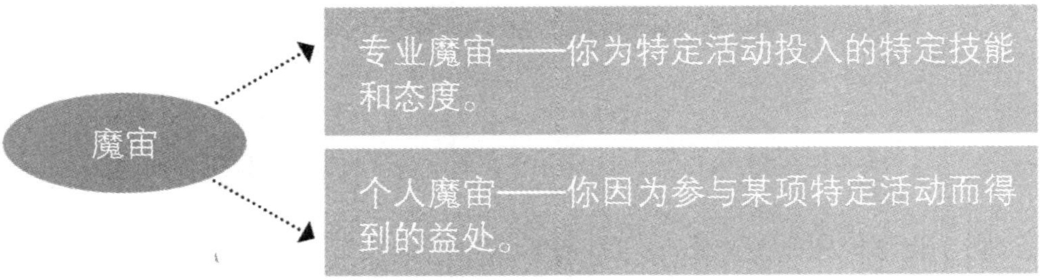

那么，你要如何衡量自己的魔宙呢？一个简单的检验方式就是评估你为某项活动投入了哪些品质（你的专业魔宙），以及你从该项活动中得到了哪些益处（你的个人魔宙）。你可以通过以下问题为自己打分，分数为1（最低）~10（最高）。

（1）专业魔宙（你对这项活动的投入）。

◎动机——我是否想好好表现一番，让人刮目相看？

◎知识——我是否深入了解整件事的所有程序和优先事项？

◎能力——我目前是否拥有完成这项任务所需的所有技能？

◎自信——当我采取这项行动时，是否确信自己能够达到世界级水准？

◎诚意——我对这项活动的热忱是否真诚且发自内心，而非叶公好龙？

（2）个人魔宙（来自这项活动的收获）。

◎幸福——从事这项活动是否让我对自己感到满意？

◎回报——这项活动是否带给我物质或情感上的回报？

◎意义——这项活动是否为我带来成就感，或是有助于造福世界？

◎学习——这项活动是否帮助我进步和成长？

◎感激——整体而言，我是否对从事这项活动充满感激，这项活动是否值得我投入时间？

二　身份

你的身份是指当有人问“你认为你是谁”时，你给出的答案。个人身份取决于别人对你的描述以及你对自己的看法，它结合了你的过去和你对未来的自己的期许。为了拥有魔宙，你得先搞清楚你是谁。

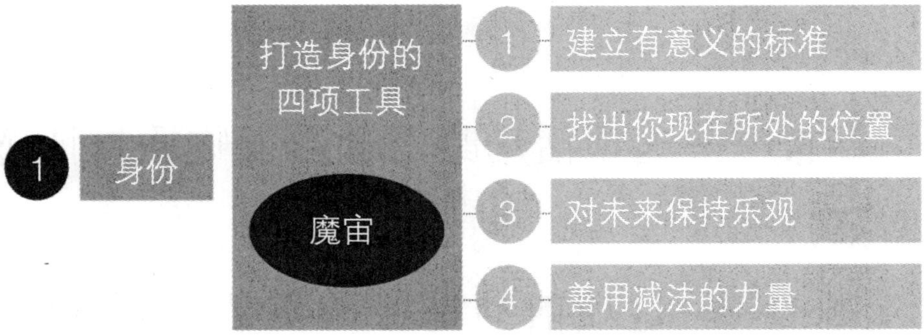

你的魔宙是你对目前从事的工作所怀抱的正面能量，它由内而生，再形诸于外。要了解你和任何一项活动的关系，你必须了解自己的身份，明白自

己是谁。要改变你的魔宙，你得为自己创造一个新的身份，或是重新找回自己遗失的身份。

个人身份意识的组成要素有四项：

◎你记忆中的身份——你因为曾经做过的事情以及有过的经历而形成的自我印象。

◎你表现出来的身份——别人记得且用来定义你的过往事件。

◎你被设定的身份——别人根据你的职业、成长背景或任职的公司期望你应有的行为。

◎你创造的身份——你通过选择和决定为自己创造的身份。

因为魔宙源自内在的正面精神力量，之后才形诸于外，所以你应该花些时间探讨你如何看待今天的自己，以及你希望自己未来变成什么模样。如果你对目前的身份感觉良好，并为了未来更好的自己而努力，魔宙就会产生。如果你想提升个人身份，就要敞开心胸相信你能改变。未来没有任何一件事是现在就已经绝对注定的，你可以并且应该为自己创造更强有力的崭新身份。

打造身份有以下四项工具：

1. 建立有意义的标准

定义“成功”一词有无数种方法。如果你想拥有魔宙，就不能迷失方向。你必须设定最终目标，该目标由许多对你来说很重要的事情构成。当你朝着目标前进时，就会产生很美好的感觉，魔宙也会跟着增强。

设定自己的标准，为结果负责，你就会行事明确。含糊笼统的“有一天我要变成有钱人”和明显有力许多的“明年10月底之前，我要取得住处的所有权，然后投资购买一处房产出租”是截然不同的。当你建立标准后，就能衡量自己的进展。若少了标准，就很难分清自己是后退了还是前进了，这种模糊不清的感受确实会削弱魔宙。

如果你还没有将你对成功的定义嵌入一组标准内，想获得强大魔宙就只能凭运气了。一般而言，拥有强大魔宙的人不会听天由命。他们知道怎样的环境会增加他们找到意义和幸福的机会，他们甚至可以列出他们乐意就职的公司名单。为了增加你的魔宙，不妨学习类似的做法。

写下可以让你感觉良好的工作标准，列出你想要一起合作的对象的特征，找出你个人乐于从事的工作类型。首先将所有内容写在纸上，然后采取行动。你或许可以找到满足所有条件的工作，或许不能，但至少你会更清楚地知道自己最看重什么。更加明确地了解自己的标准，这是加强魔宙的第一步。

在有能力建立或恢复魔宙之前，你必须先想象魔宙的样子以及必须为它付出的心力。如果你把这些都写下来，这就是你的标准。这是我所能想到的最好起点。

2. 找出你现在所处的位置

评估你一天花多少时间从事对魔宙有贡献的活动。我们进行的活动可归纳为五种模式：

◎生存。我们埋头于既不能立即满足自己，又没有长远利益的必要事务。我们做这些苦差事只是为了生存。

◎牺牲。我们从事缺乏满足感，但确实能带来长远利益的活动，例如每天花1小时去健身房。

◎刺激。我们从事具有高度满足感，但长远利益很少的活动，例如看电视、看电影或其他娱乐活动。

◎维持。我们从事提供适度的满足感，同时带来适度的长远利益的活动，例如完成一项指定的工作任务。

◎成就。我们从事能够提供高度满足感和长远利益的活动，例如和小孩共度美好时光或从事自己所热衷的创造性工作。

创造魔宙非常直接有效的方法之一就是把绝大部分时间花在成就模式上，并将花在其他四种模式上的时间降到最低。记住这是完全主观的判断——两个从事同样工作的人，可能认为自己处于截然不同的模式。记录你每天花在不同模式上的时间比重，找出实际可行的方法，逐步增加成就模式下的行为所占的比重。

关键思维

检验魔宙的理想方法之一就是检视你的职业生涯以及工作以外的人生，了解你花在这五种模式上的时间比重，以及如何增加花在成就模式上的时间。在职场找到幸福和意义的人，通常也会在家庭中找到幸福和意义！换言之，魔宙来自我们的内心深处，同样也来自我们所做的事。增加人生整体满意度的唯一方法就是增加幸福感和意义感。

——马歇尔·戈德史密斯

3. 对未来保持乐观

人们放弃目标，通常是因为以下六个原因：

◎花费的时间比预期长。

◎难度比预期高。

◎有太多其他事情要做。

◎实际回报和预期不一样。

◎太早宣告成功，结果回到起点。

◎坚持做某一件事难度太大。

我们总要面对和接受挫败，并发誓一定要在未来某个时间做得更好。要打造你的魔宙，就要学习在面对所有负能量时保持乐观。

乐观不只是一种心态，它还是一种行为方式。乐观具有传染性，乐观主义者总是比其他人更具影响力。人们容易注意到乐观主义者，并被他们吸引。

保持乐观并不代表抛弃现实主义。如果你仔细审视上述六项可能使你偏离正轨的潜在因素，并预测这些因素的影响，你就可以继续保持乐观。

心理学家认为人们存在“乐观主义偏见”。即在实际生活中，多数人在大部分情况下会预期自己的胜算比平均水平更高。乐观主义偏见充分解释了为什么这么多人非常自信，认为坏事不会发生在自己身上。但是人们在看待由其他人控制的局面时，通常会变得过度悲观，认为每件事都可能出错。

如果你能以自己的乐观感染他人，并乐观地看待别人在做的事，你就能在周围的人跌倒时，更有机会站稳脚跟。如果你做得到这一点，你的魔宙就将大幅加强，你将变成其他人依赖、求助的对象，变成人们想追随的领袖。

4. 善用减法的力量

当职业美式足球奥克兰突击者队的教练约翰·麦登在 42 岁决定转行从事比赛解说工作时，他遇到一个非常大的难题。麦登患有幽闭恐惧症，没法乘坐飞机。这份工作每个星期都需要大量旅行，他却无法利用最快速、最有效率的旅行方式。

麦登改而选择搭乘巴士，每周往返于他在北卡罗来纳州的住家与达拉斯、纽约、华盛顿和所有其他职业美式足球的比赛场地。后来这样的旅行发展成更豪华的版本，成为众所周知的“麦登车队”。有时行程得花3天时间，因此麦登开始通过观看比赛录像带、研究球队策略和了解球员习性来打发时间。结果，由于准确的判断和分析，麦登对球赛的洞察成为传奇，并因成为球场上最聪明的解说员而声名大噪。最终，麦登成为世界上薪资最高的运动赛事解说员。

麦登不仅因为略去业界人人都在做的事而领先群伦，还因为改乘巴士获得有趣的附加效益。赛事期间，麦登每周在地面上观察到其他人只能从空中掠过的事物，深刻认识了这个国家的球迷以及球迷对美式足球的热情，培养出真正“平易近人的特质”。当某家电子游戏公司想推出游戏时，麦登把他的名字和声音放进游戏中，创造出了“麦登职业美式足球”。因为麦登的强大号召力，这套游戏成为美国最畅销的电子游戏之一，每年售出600万套以上。

关键思维

处于一个习惯用加法——更多金钱、更多资料、更多朋友、更大生产力、更多乐趣来奖励自己的世界，减法显然不是最常见的成功策略，也不是我们会优先采用的方式。但减法能以我们无法想象的方式，重新塑造我们的世界。

——马歇尔·戈德史密斯

三　成就

当有人问你最近做了什么时，你脑海中浮现的一定是你的成就。成就可分为专业成就和个人成就两个层面。每个人都有自己的计分板，用来评价和比较自己与他人的成就。你所做的事情将打造你的魔宙。

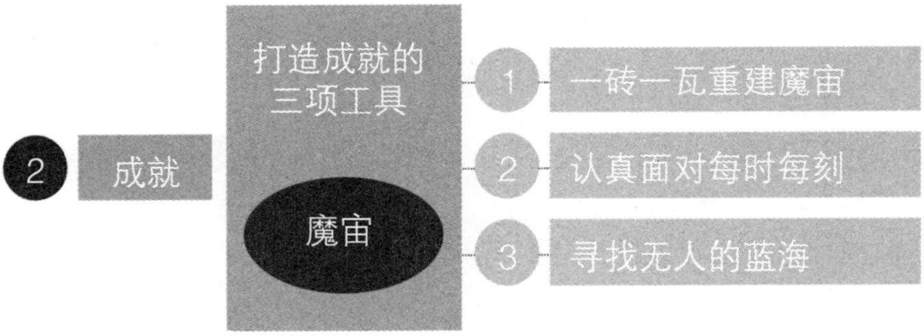

成就有两个不同层面：

◎专业成就能让别人认识我们的能力，进而

认可我们。

◎个人成就只有我们自己能够察觉，却让我们对自己感到满意。

如果你特别幸运，你赖以为生的工作正好是你热衷的事情，那么这两种成就可以合而为一。如果你与大部分人一样，被迫从事别人高度重视以至于付费请你完成的工作，这项工作将无法为你带来真正的满足感。或者你可能是世人眼中成就卓越的人，但你却自觉被困在一个你其实不喜欢的行业。

如果你所做的工作和你个人重视的事物毫不相干，请诚实面对自己。只要你和你真正的动机和解，你的魔宙就会加强。如果你重视世人的看法，为了观众，请专心将你的表演做到最好。如果你和世俗格格不入，那就不必在意别人怎么说，维持你一贯的风格即可。

通过加强对成就的了解，认识到成就对我们的意义以及对世界的意义，我们就可以强化自己的魔宙。我们可以用更客观的方式看待自己；我们可以确定生活中真正重要的是什么；我们可以努力追求对我们来说真正重要的成就，放弃不会给我们的生活带来幸福和意义的成就。要加强魔宙，我们可以改变自身的成就等级——决定自己要做到多好，也可以改变我们对成就的定义——认清什么是我们想努力做好的。

1. 一砖一瓦重建魔宙

重新找回遗失的魔宙，或从零开始积累丰富魔宙供未来使用，这样的想法乍听之下可能令人却步。为了克服这种无力感，提醒自己可以一点一点进行，而不是一步登天。努力达成一项令自己感到骄傲的成就，然后再达成另一项成就，持续下去。

你要努力达成一连串引人注目的成就，明确展现成功的轨迹，并把多个成功的事物串在一起，清楚展现自己持续的努力和成功。如此日复一日，周复一周，一砖一瓦地建立自己的成功大厦。为此，建议如下：

◎不要预测未来。争取当下的成功，未来的事未来再说。不要尝试预测5年后你会做什么，而应在此时此刻积累一些美好的成功经验。

◎快速行动，趁热打铁。一有好的表现，就接着做下一件事，人们只会注意到取得进展的人。

◎记住你说“不”的次数可能是说“是”的两倍。这意味着没有未来的计划通常比牢靠的机会多出许多。断然拒绝偏离正轨的事，不要涉足削弱你魔宙的工作。

◎乐意“打广告”。建立名声时，不妨试着开展自我宣传，拓展你的魔宙。告诉别人他们可以期望什么，然后贯彻到底，兑现你的承诺。

关键思维

要想让人们知道你是谁，你不可能依赖一次性的行动，因为这类行动最后看起来只像是噱头。你必须把多次成功串在一起。如果你持续做对的事，不管这种持续性多么微弱，人们都会注意到。当人们看见持久的正面行为模式，就会开始了解你在做什么，然后会接受崭新的你。名声就是这样打造出来的。

——马歇尔·戈德史密斯

2. 认真面对每时每刻

你必须回答以下关键问题，才有望高效打造你的魔宙：你想达成什么目标？你想如何达成你的目标？当你知道这些问题的答案，对你的任务有了清楚的认识时，你就能具体说明哪些行为具有生产力，哪些行为不具生产力。

一旦以这种方式定义了你的任务，你就要将其贯彻到底，这一点非常重要。在众目睽睽的重要场合，言行一致非常简单，但唯有在私底下也言行一致才能体现你的品德。为此，要特别留心可能损害正面能量的六大魔宙杀手：

◎对你知道实际上不可能完成的任务作出过度承诺。为了加强你的魔宙，学会对可能给他人带来短暂快乐，却会给你造成长期困扰的事情说不。

◎坐等事情出现转机，而不去面对当前的事实。如果你就改善现状尽最大的努力，你的魔宙就会加强。

◎期望别人采取冷静理性的行动，而非以情绪化甚至不合逻辑的态度作出回应。与人相处时，要专心致力于积极改变，而不是试图证明你是对的。

◎向他人抱怨你的上司。这是愚蠢的行为，如果你和上司之间有问题，直接找他讨论。如果你办不到，就离开；如果基于某些理由你不能离开，你就只能接受，继续过日子。

◎因为沉没成本已经发生而拒绝改变。每个人都背负着沉没成本，眼前最重要的是根据你的预期收获和潜在损失作出决定。要从长远的角度思考。

◎搞不清楚你是以专业模式（谨言慎行）还是随意模式（无心戒备）进行工作。你工作时请不要脱离专业模式，将做事风格贯彻到底。

3. 寻找无人的蓝海

打造魔宙的理想方式之一是逆向操作——勇闯没有人与你竞争的蓝海。如果你可以在无人竞争的空间大受欢迎，那么你也可能在其他市场赢得不错的声誉。

当你闯荡新的领域时，你就透露出与众不同的信号。当其他人一窝蜂向右转时，如果你有勇气和力气向左转，你就会以原创思考家的身份声名大噪，你的魔宙也会大增。不必费力争夺第一，你可以在不同的领域崭露头角。

在人力资源领域，马歇尔·戈德史密斯因其开发的定制化360度反馈法这一原创构想而闻名。在20世纪80年代当戈德史密斯刚起步时，360度反馈法已经在企业界获得广泛认同。但对他来说，并非所有公司都一模一样。公司有不同的文化，员工的期望也不尽相同，为什么它们的 360 度反馈计划要完全一样呢？戈德史密斯想，如果针对组织的特定需求，为它们量身打造反馈计划，会产生什么结果？令人难以置信的是，没有人提出此问题或在既有市场提出替代方案，所以他这么做了。戈德史密斯在红海中央而不是红海之外找到了他的蓝海。他没有创造新市场，而是在既有市场提供新的、改良的产品。这是安全的利基市场，而且很长一段时间几乎由他独享。成功者不会压抑让自己与众不同的冲动，而是积极拥抱它。

要找出蓝海，你不必推翻一切重新来过。你只需要把某个在别的环境下运作顺利的事物抽取出来，再加入自己的创意即可。你可能需要对你做的事情、你做事的方法，甚至是你的表达方式作出改变。

关键思维

要增强你的魔宙，你可以追求一项成就，让人人都不禁纳闷：为什么我没想到？

——马歇尔·戈德史密斯

四　名声

当有人问“你是谁”时，他脑海中所想的是你的名声。名声是他人对你身份和成就的认知，你有时同意他们的观点，有时则不同意。如果你努力经营自己的名声，你就能增强魔宙。

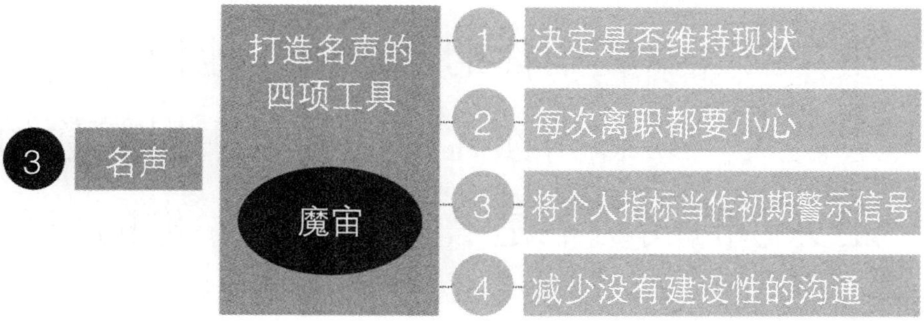

请回答下列问题：

◎你希望自己聪明，还是希望自己有用？

◎你比较喜欢开发完美无瑕的精美产品，还是喜欢开发在大众市场中有销路的实用产品？

一般来说，如果你把大部分时间用于从事有用的事情，你的名声就会提升，你的魔宙也会加强。因为人们对你的看法在很大程度上与你对自己的感觉是一致的。如果你试着变得有用，而不是展现你有多聪明，就会佳评如潮，这将振奋你的精神，增强你的魔宙。

名声建立在一连串持续进行的行动上。事件会不时发生，大大影响你的名声。如果你有机会，就要想尽办法去大联盟打球，击出全垒打。要记住，当人们提到你的名声时，他们会寻找一种固定模式。只有当你在不同场景中展现你的作用，证实你的成功不是一次侥幸时，你的名声才会提升。

1. 决定是否维持现状

当前最艰难的决定之一就是：我应该留在目前的工作岗位上，还是另谋高就？要作出决定，就必须区分专业魔宙和个人魔宙。两者的差别如下：

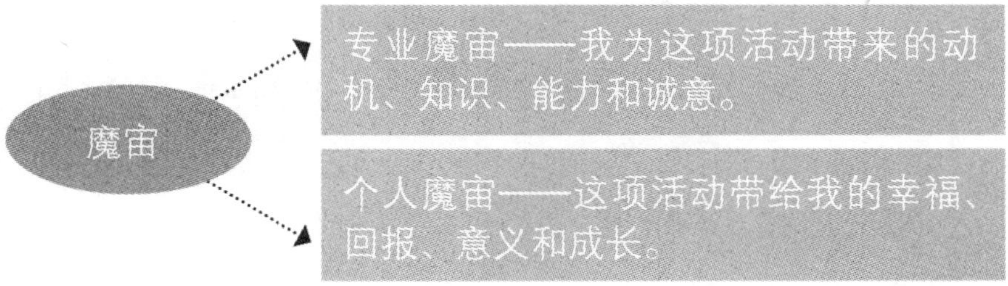

如果你正在考虑离职，试着找出让你感到不舒服的地方。如果该职位无法提供你想追求的专业魔宙，那么你就必须换工作，另谋出路。如果专业魔宙没有问题，而是你自己的个人魔宙低落，那么你需要改变的是自身的技能。对于后一种情况，你应该保持现有工作，但要改变你自己。

关键思维

没有人能分辨哪种方法对你更好。我的建议很简单——考量你的长期魔宙：你是否能通过改变情境，获得更多幸福和意义？你真正的替代方案是什么？你应该进行魔宙分析，作出决定，然后继续努力。

——马歇尔·戈德史密斯

2. 每次离职都要小心

被迫离开你热爱的工作——无论是遭到排挤，还是遇上大规模裁员，你的魔宙都可能会受到直接冲击。不管你如何努力解释，人们总会觉得事有蹊跷，会认定你是因为能力不足或表现不佳才失去工作。

为了对此加以弥补，在离职之前，你可以做几件事让情况得到改善：

（1）作好最坏的打算——坚持自行离职胜过被迫离开的心态。总是以更好的职务为目标，确保自己能够胜任该职务，让职业生涯不断得到提升。在工作上要非常拿手，做好随时能就任新职位的准备。

（2）擅长预测未来——要足够精明，能够事先预知裁员。了解经济形势，不要太过自负，以为不会被裁员，要随时睁大眼睛。

（3）快速将感情从以前的公司转移至目前的雇主。如果丢掉饭碗，你或许能找到另一个你喜欢的职务，开创自己的事业，或从事其他工作。全心全意投入当下的工作，不要挂念过去的荣耀。

（4）如果你在寻找新工作时有空闲时间，可以善用这些时间。例如你可以到慈善组织当志愿者，花时间发展自己的爱好，或开始新的健身习惯。有很多事可以做。

（5）明白你的个人名声可能很大程度上来自你效力的雇主，而不是你做了什么或你是谁。每次当你计划草率或愤怒离开现有工作岗位时，好好想想这件事。不要期望客户会跟随你离开，他们多半不会。

3. 将个人指标当作初期警示信号

个人指标是一组信息，用来评估某个形势下事态的发展。企业拥有指标，如现金流、市场占有率、营业收入和投资报酬等，用以衡量商业模式的业绩。个人指标与此类似，但比较有温度且比较模糊。例如，如果你的电话响个不停，未来几天通常会有更多生意。个人指标不一定是生硬的数据资料，也可能是软性或随意的信息。

如果够聪明，你就会开发一些个人指标。当未来业绩面临威胁时，这些指标就会发出警告。个人指标可以确认你的模糊印象或隐约不安，指出你一直尝试忽略的痛苦事实。在结果通过更确切的数据呈现出来之前，个人指标可以提前解决潜在问题。

该如何运用个人指标呢？人们喜欢报喜不报忧，当消息不讨我们欢心时，我们通常就会忽视它。这种现象并不令人惊讶——如果放在浴室的体重秤显示出令人失望的数字，我们通常会停止量体重，但放弃个人指标就如同放弃改变。

个人指标的真正优点在于它可以揭露我们想要逃避的痛苦事实，并且提供我们进入棘手议题的入口。手中握有信息，我们就能切入任何议题。有时个人指标还能让我们正视艰难处境，避免对立和冲突。

4. 减少没有建设性的沟通

你花多少时间做以下事情：

◎听别人谈论自己有多聪明或多特别？

◎听别人谈论他人有多愚蠢、无能或差劲？

有的人估计自己只花5%~10%的时间加入这类谈话，其他人则高达65%。不管数字如何，对个人生产力而言，这是一种巨大的能量消耗。听别人谈论自己或其他人是完全没有建设性的活动。

请努力减少你花在这类事情上的时间，以腾出更多时间从事具有生产力的活动。如果有人想向你发牢骚，拒绝他们，坚持返回工作岗位，从事具有生产力的工作。光是这个方法就能提升你的魔宙。

特别小心四种没有意义的对话，在这些对话中你很难保护魔宙不受损害。这四种对话是：

◎有人说“让我们继续谈……”并在提示器响过很久之后，每个人都已经转移到其他话题时，他仍继续尝试争辩。

◎有人试图证明“我的处境比你更困难”。

◎一个人问另一个人：“你为什么要这么做？”

◎对话开头是：“这不公平……”

这四种对话的结果都一样，我们无法改变，因为它们往往没有逻辑可言。如果尝试在没有逻辑的事物中导入或辨识其中的逻辑，你只会浪费时间。

关键思维

争论可能危及我们的魔宙，把我们可能的盟友变成不必要的敌人。通过辨识典型的争论陷阱，我们可以更妥善地决定参与哪些“战役”，避开哪些“战场”。

——马歇尔·戈德史密斯

五　接受能力

接受能力是指你改变自己有能力改变而且应该改变的事项，然后放下你无法改变的部分。对魔庙来说，“何时可以放手”是一个至关重要的问题。要长时间维持良好的魔宙，你不仅需要以宽容的态度对待别人，还需要以宽容的态度对待自己。这是往前迈步和往上提升的唯一方法。

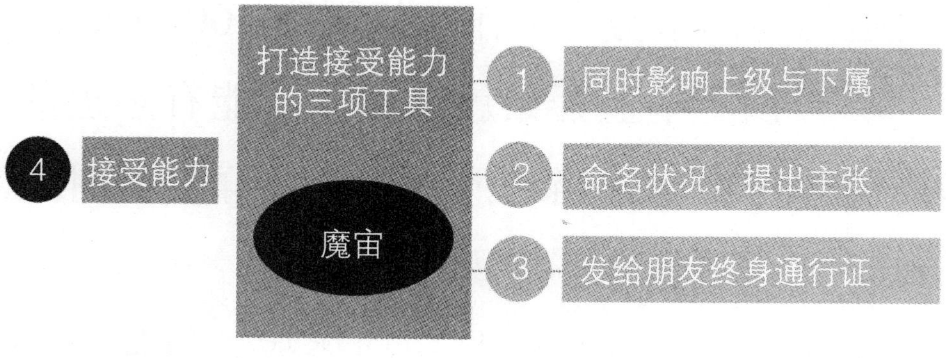

和大多数人一样，你可能会认为在下列情况

下你的人生是美好的，且感到幸福快乐：

◎你的银行账户里躺着 100 万美元。

◎你的体重减少了 5 公斤。

◎你的孩子大学毕业并开始工作。

◎你的抵押贷款全数还清。

这份清单还可以再加长，可根据你个人的喜好拟定。人们通常认为一旦他们达成某些目标，就会感到高兴，否则就不会。而问题在于，这是一种错觉。每当你达成一项目标时，你会发现自己又开始面临另外的挑战。例如：

◎当银行里有 100 万美元时，你可能发现自己更迫切地渴望努力工作，好再赚 100 万美元。

◎当孩子毕业开始就业后，可能有年迈的父母需要你付出和你当初照顾孩子一样多的时间和心血。

◎减掉 5 公斤体重是一项挑战，但从现在开始保持体重、永不反弹却是一项更困难的挑战。

要加强魔宙，你必须停止活在未来，享受当

下的生活。你应该了解，你允许自己享乐的终点线总是在移动，而且总是距你一步之遥，所以请把它忘记。请满足于你现在所处的位置，不要担心过去，也不要对未来感到焦虑。接受已经发生的事实，改变任何你有能力改变的事，放下你无能为力的事，你的魔宙将会大幅提升。

1. 同时影响上级与下属

如果在工作上得心应手，那么你可能比你的主管更精通你的专业。你可能觉得，一个杰出的专业人士（比如你自己）必须向一个通才式的上司报告是件很痛苦的事。你甚至可能觉得，你的上司之所以得到那份工作，是因为他恰好来自公司的财务部门或其他部门。

这是非常愚蠢的想法。除了向客户推销自己之外，你也应该随时向你的主管推销自己，以对待你最棒的客户的方式对待你的主管，例如及时回电，依照主管的要求行事，并经常和主管面对面交谈。

你在组织内爬得愈高，愈会埋怨比你握有更多权力和权威的人，这话听起来或许很矛盾。要改善这种状况，你可以像影响下属一样增加你对上级的影响力。接受上司就是上司的事实，好好对待他们。这样做不仅对你有帮助，也能让你处于更好的位置，以便在未来分配到更多资源。

也不要忘记教导你的下属，他们不仅需要影响上级，也需要影响外部。训练他们作出积极改变，不要因自负而误事。愈多人学会这么做，你的组织就会变得愈好。

关键思维

这个世界上的决策不是由“适当的人”、“最聪明的人”或是“最有资格的人”作出的，而是由拥有决策权的人作出的。而且在大部分情况下，这个人不是你。如果能影响这位决策者，你就能作出积极改变；如果不能影响他，你就不可能创造积极的改变。接受这一点，你会有更好的生活！不仅如此，你还会为你的组织带来更多积极的改变，而且你会更快乐。

——马歇尔·戈德史密斯

2. 命名状况，提出主张

要改善你对某种状况的了解，最好的方法之一就是为它命名。当你为某件事物命名时，你同时也对它进行了一番梳理。当相同的状况未来再度出现时，你就能掌握局势，因为你已经知道接下来会发生什么事。

如果你为商业活动中经常发生的某种现象命名，你不仅能增进对它的理解，同时也把自己放在了采取有效应对措施的位置上。在为某种状况命名时，你会建立分析框架，将它变成可供管理的议题。通过为发生的事件命名，你掌握了更多控制权，抓住了主动出击的机会。

关键思维

从某种角度来看，命名就像呼吸空气一样平凡，在医学、法律、金融和体育等专业领域尤其如此。若少了专业术语，我们将完全理不清头绪。专业术语是对某一事物、状况的命名——以新观点为某种状况建立分析框架，好让我们能对其加以辨识和处理。

——马歇尔·戈德史密斯

3. 发给朋友终身通行证

在你的生命中，有些人为你带来的好东西太多，以至于你愿意原谅他们在其他方面的缺点。例如，你的一位朋友为你带来一些重要客户，但在彼此约定见面时总是出状况。在这种情况下，你可以而且应该发给这个人终身通行证。

在 20 世纪 80 年代，美国前总统罗纳德·里根向选民提出一个问题，赢得了总统大选。他问选民：“你现在比4年前过得更好吗？”1984年他提出相同问题，并赢得连任。同样，你需要不断问自己：“我的生活是否因为这个人的出现而变得更好？”如果答案是肯定的，请发给这个人终身通行证，以确保你不会因为微不足道的小事而看不清这段友谊带来的所有美好事物。

要维护强大的魔宙，就需要列出曾经以不同方式帮助你，让你拥有美好人生的人的名单，发给他们每个人终身通行证。如果运气好，他们也会发给你终身通行证作为回报。拥有终身通行证一点儿也不坏。

关键思维

要提升自己在各方面的表现，就需要获得他人帮助，只有这样，成功的机会才会大幅提高。与独自工作相比，和别人组成搭档后我们的纪律性会更强。把每项挑战都看成选择题：选项一，我可以自行完成；选项二，有人帮忙，我可能做得更好。一旦你明白人们是根据结果好坏来评价，而不是看有多少人来协助你完成工作，你就会作出正确的选择。

——马歇尔·戈德史密斯

专家解读

魔宙，幸福与成就之源

文 / 严晓翠

当我们决定要不要做一件事的时候，先问自己两个问题：通过做这件事我能够能得到多少长远好处或这件事有什么深远的意义？通过做这件事我能够得到多少短期满足感或幸福感？当你找到饱满的幸福感和充足的意义时，就会产生强大的魔宙，带动你找到更多幸福和意义。

这次受邀撰写阅读心得，为了不负出版社的期望，除了看完导读文章外，我还把完整原著找出来整本通读。这确实花了我很多时间，但挺值得的。我的结论是：这篇导读跟原著都是值得你花时间阅读的。原著将近300页，在书中作者把自己参与的众多案例拿来支撑他的“魔宙”观点，讲述了如何在生活中创造魔宙，维持魔宙，以及在需要的时候重新拾回魔宙。导读对原著内容进行了非常理性的浓缩和归纳，帮助读者更加高效地使用这本书并将其应用到目前的工作中。

1. 魔宙是让人成功的力量

马歇尔·戈德史密斯是一位 30 岁就获得组织行为心理学博士学位的学者，因为提出定制化 360 度反馈法而走红。他长期担任管理职务，甚至担任组织领导者的辅导顾问，辅导的学员已经超过 10 万人。他通过大量的案例归纳出：

◎人们如何在组织内取得成功？

◎人们为何会在组织内遇到挫败而停滞不前？

◎人们会遭遇哪些让他们无法更成功的限制或瓶颈？

◎人们要想更加成功必须解决哪些问题？

作者认为魔宙就是让人成功的力量，他对魔宙的定义是：魔宙源自我们对正在进行的事抱持的正面心态，它由内而生，再形诸于外。当我们发自内心地对当下所做的事怀有积极正面的感受时，旁人也能察觉到这种感受，此时我们的魔宙清晰可见。简而言之就是，热爱你所做的事，并且展现出来。

这个定义让我联想到了自己。因为多数的时间，身边的朋友、客户和学生都会问我：“你怎么会这么热爱公关，热爱工作，热爱教书呢？”也有客户曾经问我：“为什么你总是看起来神采奕奕呢？你都不会累吗？”显然我让身边的人从外观就能感觉到我对自己所做的事充满热爱。我相信他们羡慕的不是我的公关工作，也不是我的教书工作，他们羡慕或者不理解的是为什么我总是能充满热情。

2. 充满魔宙的人会带来正强化作用

作者在原著中讲述了多个他在生活中看见的充满魔宙的人。他相信，一个让别人感受到充满魔宙的人会带来正强化作用，因为其他人会更想靠近此人，并因此形成更成功的正向循环。

他提到了一个年轻的修车厂老板，这个老板

是技师出身，能用最有效最专业最省钱的方式解决客户的各种汽车问题。客户能明显感受到这里的性价比远高于其他修车厂，从而对老板充满感激跟崇拜。老板很享受这样的快感，并坚持以这种不同于同行的服务模式作为自己的经营特色，修车厂也因此有好口碑而生意兴隆。

我相信你也曾经在身边见到过这样的人。他可能是你常去的一家小吃店的老板，他总是记得你喜欢吃什么，热情地帮你张罗位子，推荐你今天可以吃什么东西，关心你今天没吃完的那盘菜味道是否不好。他甚至能看出你今天心情很好，问你今天是否碰到什么好事，让你不自觉地告诉他今天发生了什么。或许你还曾经羡慕过这个小吃店老板这么开心，认为也许不去上班，像老板这样开小吃店反而会更快乐。

3. 找出自己忘记或忽略的快乐

作者推荐你使用他设计的“魔宙计分表”来分析你一天所做的事情，并逐项计分。检视之后你就会发现，你在做哪些事情的时候魔宙能量最高，然后你就可以建议自己如何加强魔宙。这个量表共有 10 项指标：动机、知识、能力、自信、诚意、幸福、回报、意义、学习和感激。

我试了一下，认为你可以用这种方式反思能够让你真正快乐的事有哪些，并对其进行强化。积极找出自己忘记或忽略的快乐确实很重要，但行动力更重要。作者在书中提到："面对生活，我们的本能反应不是感受幸福，不是感受意义，而是屈从惯性。"如果你不愿意去面对问题或开始寻觅，你就找不到快乐，或者忽略幸福就在你身边。

4. 改变我们对成就的定义

书中特别谈到了"成就"，这是我很喜欢的话题。作者认为，如果一个人因为自己所做的事情感受到幸福和意义，这就是一种成就。

通过增加对成就的了解，认识成就对自身和对世界的意义，我们可以加强自己的魔宙。我们可以用更客观的方式看待自己，确定对生活而言真正重要的是什么。我们可以努力追求对我们真正重要的成就，放下不会给我们的生活带来幸福和意义的成就。

5. 认清魔宙的慢性杀手

维持魔宙并不轻松，原著提到“魔宙杀手”的章节是全书中我最喜欢的部分。我们或许能很快找到让我们快乐的事情，却不知道会破坏魔宙的慢性杀手是什么。如果不认清这些不该做的事，你的快乐可能稍纵即逝。这六大杀手是：

◎过度承诺。

◎不去面对事实。

◎期望别人合理回应。

◎抱怨上司。

◎计较沉没成本。

◎公私不分。

这六大杀手在我们身上作案无数。你或许不会整天做出这些事，但一旦你启动这些坏因子，让它们在你身上作怪，你的魔宙就会迅速变弱。严重的时候，你会失去你原本已经掌握在手中的幸福快乐。

二十几年来，我的职业生涯一直发展顺利，直至2011年发生了重大转折。虽然转变对我的人生未必不是好事，但用这个杀手理论来反思，我发现我确实纵容它们侵略了我原本魔宙强大的脑袋，而我本可以处理得更好。我真心推荐大家把这六大杀手作为自己的桌边警语，让你的人生能一直幸福快乐。

作者简介

严晓翠，利众公关顾问股份有限公司董事长，1988年进入公关领域，曾任精英公关集团执行长及公关基金会执行长。她长年于大学相关院系、证券市场发展基金会任教授课，经常受邀为组织管理类书籍作序和参加访谈。